見てすぐわかる
板金部品の最適設計法

小渡邦昭 著
Kuniaki Kowatari

日刊工業新聞社

はじめに

「板金加工は脇役で、それ自体は商品価値を持たない」と思っている人もいるのではないだろうか。

身の回りの製品から、産業機械・装置の筐体や組み込まれている部品まで、多くは板金加工で作り上げられている。つまり、板金加工は、「モノづくり」に必要な要素技術である。加工された板金部品や筐体は、機械の性能を左右することもある。

教育機関で「板金加工」を学ぶことができる機会はまれである。多くの板金加工作業や設計に従事する方々は、OJTを通して経験を積み、技術を磨いているのが現状である。その際に、土台となる基本的知識を十分に習得することは難しいのではないだろうか。その結果として、板金設計者が生産現場で行われている加工現象や工程を十分に理解できていないために、生産現場との間でコミュニケーション不足が生じ、生産におけるトラブルになることがある。

このような現状を踏まえて、本書では、設計者が加工をよく理解し加工を考慮した設計を行えるよう、加工を俯瞰して見つつ、加工の原理原則やトラブル回避のポイントをまとめた。数値や計算式だけではなく、直感的にイメージでき、板金加工生産現場の理解の一助になるように図表を多く掲載した。板金設計に携わる方々に、多少でもお役に立てれば幸いである。

このような出版の機会をいただき、刊行に際して数々のアドバイスをいただきました日刊工業新聞社出版局の木村文香氏と日刊工業出版プロダクションの森山郁也氏にこの場を借りてお礼を申し上げます。

2018年2月

小渡　邦昭

見てすぐわかる　板金部品の最適設計法

目　次

はじめに・i

【第1章】
板金部品の設計と製造

1　板金部品の設計から製造への流れ　・2
- ポイント1　「板金と一言で言っても」何が違う？違わない？・6
- ポイント2　ポンチ絵で設計はできるか・8
- ポイント3　機能を実現する機構を考えるには？（その1）・10
- ポイント4　機能を実現する機構を考えるには？（その2）・12
- ポイント5　機能を実現する工作法も考える・14

2　加工技術および加工機械の知識　・16
- ポイント1　板金材料3つの特性・18
- ポイント2　板金材料特性を抑えよう　①引張試験・20
- ポイント3　板金材料特性を抑えよう　②r値・24
- ポイント4　加工硬化・時効硬化・26
- ポイント5　板金機械の動き・28
- ポイント6　板金機械の金型・30
- ポイント7　プレス加工も知っておこう・32

【第2章】板金部品の設計・製図

1 設計手順の検討 ・36
- ポイント1　何のための板金部品か考える・**38**
- ポイント2　QDCを考えて「板金加工」にこだわらない・**40**
- ポイント3　板金製品の精度と形状・**42**

2 せん断部品の設計 ・44
- ポイント1　「バリ」の向き・**46**
- ポイント2　「せん断何％」の指示を記入するか・**48**
- ポイント3　「せん断形状」も考えて設計・**50**
- ポイント4　「穴あけ位置と形状」も原則から考えて設計・**52**

3 曲げ部品の設計 ・56
- ポイント1　最小曲げ半径に影響する要因は・**58**
- ポイント2　スプリングバック・**60**
- ポイント3　「曲げ加工部品」では、なぜ展開が必要か・**64**
- ポイント4　万能ではない曲げ製品の形状は・**66**
- ポイント5　「割れ止め」とは・**68**

4 板金部品の組立て設計 ・70
- ポイント1　組立てと精度・**72**
- ポイント2　位置決め・締結を考える・**74**
- ポイント3　溶接でない接合を考える・**76**

5 設計図面と展開 ・78
- ポイント1　図面からの情報・**80**
- ポイント2　製品図とアレンジ図・**84**
- ポイント3　寸法公差・**86**
- ポイント4　基準の取り方・**90**
- ポイント5　幾何公差も考える・**92**

【第3章】
板金加工を考慮した板金部品設計の要点

1　加工のノウハウと原理・原則　・98
- ポイント1　曲げ高さを小さくすることができない・100
- ポイント2　ヘミング曲げとは・104

2　せん断加工法の検討と設計への応用　・106
- ポイント1　せん断荷重とは？板金機械との関係は？・108
- ポイント2　せん断形状と加工法・110
- ポイント3　シヤー角の効果は・114
- ポイント4　加工硬化の利点・欠点・116
- ポイント5　レーザ加工とは・118

3　曲げ加工法の検討と設計への応用　・120
- ポイント1　曲げ荷重と機械を考慮・122
- ポイント2　加工法を選択・126
- ポイント3　曲げ方向を考えますか？・130
- ポイント4　加工現場へ加工条件アドバイス：圧延方向・132

4　板金設計支援機能の活用　・134
- ポイント1　自社用のKファクタ・136
- ポイント2　形状の差異と割れ止め設計をデータで考える・140
- ポイント3　現場の加工条件を大切に・142

5　展開図法　・144
- ポイント1　実体展開法とは・148
- ポイント2　中立線展開法は・150
- ポイント3　外形寸法加算法・152
- ポイント4　箱物展開・154
- ポイント5　3次元形状展開・158

【第4章】
加工を考慮した板金部品設計の実例

1 製品設計手順の検討 ・162

- ポイント1　検討を必要とする個所とは・164
- ポイント2　検討が求められる個所の共通点・170
- ポイント3　重要寸法とは・172
- ポイント4　加工傷にも注目・174

2 突き合わせ形状の検討 ・176

- ポイント1　突き合わせ形状の種類・178
- ポイント2　溶接以外の締結法・182

3 曲げ加工個所の検討 ・184

- ポイント1　コストを考慮した設計・190
- ポイント2　寸法測定を考慮した設計とは・192

4 溶接以外の接合個所の検討 ・196

- ポイント1　溶接の種類と特徴・198
- ポイント2　溶接個所スポット・200

5 設計と製造現場との連携 ・202

- ポイント1　現場と設計の歩み寄り・204
- ポイント2　現場の発信力・206

索　引・208

第1章 板金部品の設計と製造

1　板金部品の設計から製造への流れ

　長年「板金部品設計」だけをしていると、形状を作ることが「設計」と思うようになっていると感じることがないだろうか。また、設計初心者も従来の部品形状を少し変更する「流用設計作業」から「設計」を始める傾向があるので、「設計することは形状を作り上げる」と思われるのではないだろうか。ここでは、設計をもう少し手前の工程から、大空を飛ぶ鳥の目のように俯瞰して振り返ってみよう。

　便利・安全・快適などの多くの要求により、製造業で生産された製品には、「生み出されてから寿命を終え廃棄される」というライフサイクルがある。「モノづくり」においては、図面のモノを「形づくる」ことに注目しがちであるが、図面製作以前にある「こんなものが欲しいという要求の内容」から、利用されたのちに「修理」や「廃棄」されることまで、考える必要性がある。これが「モノづくり」の現場に必要な視点である（図1.1.1）。

　このような「俯瞰の視点」で、必要な製品が板金加工で製作されることが選択されているのである。つまり、板金加工で作られた製品では、その形状は製品が必要とする「機能」を実現させることに貢献している。モノづくりは、「機能」を具体的に実現させる「機構」に変換する作業でもある（図1.1.2）。

　本来、「＊＊＊＊がしたい」という「機能」に対して、より効率的な「動き」や「形状」・「材質」・「強度」・「メンテナンス性」・「環境対応」が考慮され「機構」が決められる。このプロセスにおいて、「機構」をQDC（品質・納期・コスト）の切り口から考え、最も適した加工法が選択されるのではないだろうか。

　設計段階から製造段階のそれぞれの工程で、前後工程や製造工程の全体像を理解するためにも、作られている板金加工製品の「機能」を十分に考慮することが必要である。

　「機能と機構」を、身近な事例で考えてみる。例えば、「ハサミで紙を切る」という行為には、「紙を切る（分断する）という機能」を実現するために「ハサミ」という「刃をかみ合わせて紙を切る機構」を用いている。

　つまり、我々は、目の前にある紙をきれいに分断ができることを望んでいるのであり、ハサミを望んでいるわけではない。より簡単な道具として「ハサ

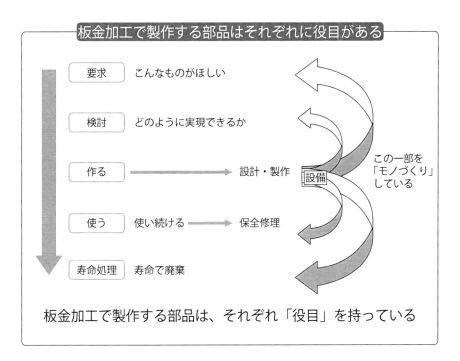

図 1.1.1　板金製品生産プロセス

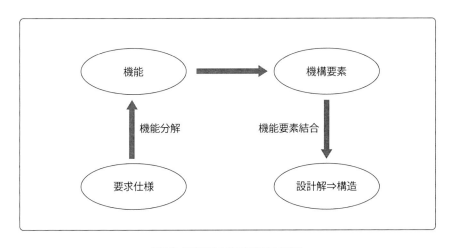

図 1.1.2　機能と機構の関係

ミ」の存在を知っているために、「ハサミで紙を切る」ということが行われる。

　実際に、紙を分断するには、ハサミの他に、裁断機・カッタなどがある。また、折線を付けて手で分断することもあるだろう。つまり「紙を分断する」機能を実現するための機構は多様に考えられる（**図1.1.3**）。

　機能と機構は1対1で対応するのではなく、機能を満足する機構が複数存在する。「分断する」という機能を実現する機構としての1つが「ハサミ」であることを理解することが必要である。「早く切る」、「きれいに切る」などの追加された機能のために、ハサミの使い方（紙・金属など）に応じて機構に工夫が施されている。

　実際に板金加工で具体的に考えてみよう。切断を行う機構としては
　＊パンチとダイの組合せ
　＊ドリル
　＊レーザ加工・ウォータージェット加工など
　＊穴部分をハサミなどで逐次切断

など、幅広く考えることができる。このことで、機能である「穴を作る」ことを「板金加工」という手段（機構）で実現する関係であることが確認できる。技術革新において、機構の選択肢が増えることも考慮する必要がある。

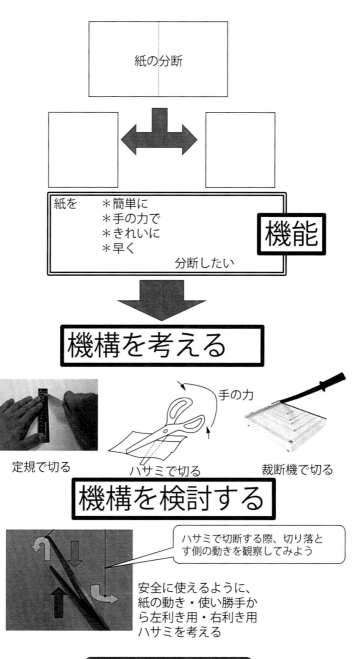

図 1.1.3　具体的な機能と機構

ポイント①

「板金と一言で言っても」
何が違う?違わない?

「○○板金は、▽▽板金とは違う」という言葉を耳にするが、本当だろうか。

打ち出し板金

建築板金

道具(ジグ)の配置

↓

力を与える道具

| 板金材料 |

 力を支え形づくる道具

自動車板金

工場板金（機械板金）

図 1.1.4　多様な板金加工

「生じている現象は同じ」
なぜ？その根拠は？

　図1.1.4に示した板金作業を観察すると、薄い板状の金属材料（以後、板金材料という）を2次元的に切断して形状にして、その後、3次元的に形づくる工程を経ていることがわかる。形づくる際には、対になるジグ（道具）の間に板金材料を挟み、人間の力や機械の力で変形させている。このコアになる工程は同じある。つまり、○○板金という言葉は、その用途や加工の特徴を表現したものである。以下に代表的な板金作業を示す。

〈建築板金〉：

　家屋の屋根を施工するなど建築物の外側と厨房などの設備を作る内側での作業に分けられる。使用される多くの材料は、亜鉛鋼板・カラー鋼板・ステンレス鋼板などで、板厚は1mm以下が利用され、原則、施工後に塗装を行うことはない。また、ダクト板金は、空調経路を構築するための配管などの施工に利用されている。これらに利用される鋼板も主に、薄く亜鉛鋼板なので接合などで「溶接」などを利用することは少ない。接合には、主に「ハゼ組み」という手法が利用されることが多い。これらの手加工で行われる作業は、「道具」と「材料を変形させる力」と「材料」の3つが必ず必要である。道具は、ジグ（または、金型（かながた））と言われる。また、道具を動かすための力は必要であり、人間の腕力をより大きくするテコの原理を利用した道具などが利用される。

〈工場板金〉：

　工場内部の機械のカバーなどに代表される製品を作る工法で、単品生産で個別に図面や展開が行われる。また、3次元形状を作り上げるのが「打ち出し板金」という手加工である。現在でも、モーターショーなどで展示されるコンセプトカーの外板や列車などの先頭部分などが、手作業で作られている。また、量産品であるスチール家具や書庫などは、工場板金の中でも機械板金と言われ、数値制御で加工が行われる機械を利用して、精度よく、大量生産が可能な生産方法である。これらは、利用される材料も鋼板が多く、板厚も1mm以上で、加工後に塗装などが行われる。また、接合は、板厚が厚いので溶接やスポット溶接が利用される。

ポイント② ポンチ絵で設計はできるか

企業から、このポンチ絵の板金加工品の製作依頼があったとしたら、すぐに作業に取り掛かるだろうか。

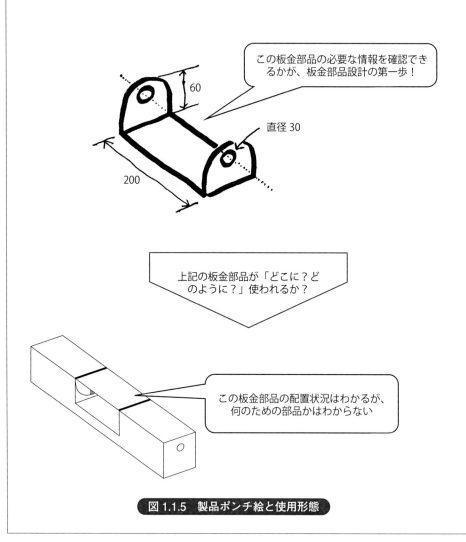

図1.1.5 製品ポンチ絵と使用形態

ポンチ絵にも機能を生かす形状が必要

　図1.1.5は板金部品加工で、よく利用される「ポンチ絵」であるが、一般的には概略図、構想図、設計製図の下書きとして作成するものである。また、企画書などに利用されることもある。ポンチ絵のメリットは
①製品イメージの共有、②迅速な製品開発、③製品イメージの具象化
であり、打合せの初期段階〜構想設計をする際に活用することで、設計思想（コンセプト）が明確になる。ポンチ絵で設計の半分以上が決まってしまうと言っても過言ではない。このような、本来の「ポンチ絵」という概念で問題点などを考えてみる。

　本来「板金加工」は製品を作るための手段である。その製品は、利用したときに目的を果たすための「機能」を満足していなければならない。つまり、形を作られたことと満足な製品ができたこととは同じではない。板金加工は、何らかの力を加えて材料を変形させているので、この「変形」が、どのように行われ、板金材料や製品形状に影響を及ぼしているかを確認することで、初めて「機能を備えた製品」を作り上げることになる。

　具体的に考えよう。「板金部品」というが、板金加工だけで作られた製品を目にすることは少ない。多くの板金部品は、機械や装置、用具に組み込まれて利用されている。だからこそ、作り上げる「板金製品」と組み込む機械などの関係を十分に理解する必要がある。

　このポンチ絵から、板金部品を作ることはできないだろう。では、どのような情報が不足しているだろうか。まず、気が付くのは、板厚・使用材料・穴の位置などが不明ではないだろうか。では、それらの情報が得られれば、板金部品の設計製作ができるだろうか。このような情報だけでは、「板金加工で出来上がったある形のモノ」を作っているだけではないだろうか。

　本来、「機能を備えた部品」を作ることが目的であるから、最初から疑いもなく前提となっている「板金部品」を作るという段階を再検討する必要がある。

ポイント③ 機能を実現する機構を考えるには?(その1)

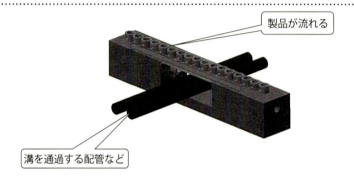

図 1.1.6 基本的な機能の確認

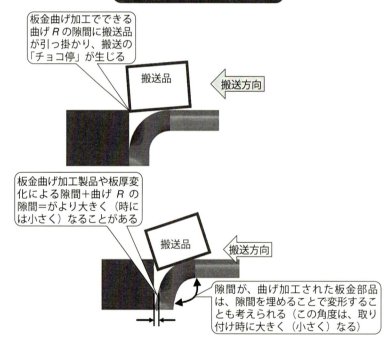

図 1.1.7 利用環境を板金加工の特徴から考える

機構は、使われる姿の イメージが必要(その1)

　再度、確認しておくと、「機能」と「機構」の違いは、簡単にいうならば、「変換作業」と言える。つまり、技術革新のスピードが早い現代では、「従来から板金で作られた部品だから、今回も板金で」の考えは、本来の設計という作業を省いていることになる。そのため、結果として板金加工を前提とした部品設計になるとしても
「この形状の板金部品は、どこに利用され、どのような環境・動きをするのか」を考えることは、必要不可欠である。

　図1.1.6の部品は、図に書かれたような機能を必要とすると考えられる。

　部品製造ラインの部品が流れるところの溝(電気配線など)に通路を確保するために、カバーを配置することで利用される。しかし、このような使用状況の説明だけでは、設計製作後にトラブルになることも考えられる。

　＊このカバー上を流れる部品の形状・大きさ・材質・個数
　＊周辺(溝を出来上がっている)の部品の材質などは、摩擦が異なる。そのため、部品の流れる速度が異なることで、部品同士の過度な衝突が起きる

　板金加工で部品を作るならば、当然、板金加工の特徴を理解して設計することが必要なのはいうまでもない。

　例えば、板金加工品の曲げ加工部には、R形状が付与される。つまり、搬送機械本体に組み込んだ場合には、図1.1.7のような僅かな隙間が生じる。この隙間は、搬送される部品の形状や重さにより、隙間に引っ掛かることが考えられる。万一、その引っ掛かりで「チョコ停」が発生するならば、設計製作された板金部品に十分な機能が付与されていないことになる。また、板金部品を実際に製作した経験がある方は、このような製品の長さ方向の寸法を隙間なく、配置することが難しいことも理解できる。つまり、R部の隙間は、単純に、曲げ部分だけで判断することが難しいのである。

ポイント④

機能を実現する機構を考えるには？（その2）

図 1.1.8　荷重による変形

長手方向

1次固有振動数
：大きな波

2次固有振動数
：左右の振れ

3次固有振動数
：小さな波

板金製品にも材質・形状・取り付け位置などから振動しやすい固有の振動数がある。そのため、板金製品にも衝撃を与えて放って置くとその振動数で振動を続ける。その振動の仕方には、幾つかの種類（モード）がある。1次固有振動数が最も影響力が大きい。図では、長手方向の大きな波が1次、左右の揺れが2次、そして小さな波が3次と読み取ることができる

図 1.1.9　振動による変形（固有振動数）

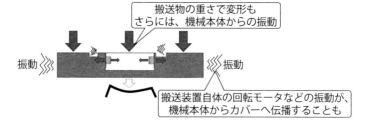

搬送物の重さで変形も
さらには、機械本体からの振動

振動

振動

搬送装置自体の回転モータなどの振動が、
機械本体からカバーへ伝播することも

図 1.1.10　力の流れ

機構内の力の流れも
イメージが必要

　機械設計や板金設計において設計する部品で、「ただ、置いておくだけ」でよいとして、外部からの荷重（風圧・水圧などを含む）や機械本体と接合、ねじによる締結、あるいは、機械本体から振動などの影響を全く受けないような状態で利用される部品は、皆無ではないだろうか。

　つまり、板金部品においても、その部品が機能を保持している状態で、エネルギーの流れを十分に理解する必要がある。あえて「エネルギー」としたのは、部品の加熱・冷却で部品に力が働いたのと同様な結果が生じるからである。

　図1.1.8のように、板金部品のカバー上に載せる搬送部品の重量によっては、カバーが変形することが考えられる。この変形は、弾性変形の範囲内であるが、軽い重さのものでも、変形していることを理解しておくことも重要である（実は、何も載せていない状態でも、その板金部品の重さでほんの僅かであるが、変形している）。

　外部から物体に強制振動を与えた際に、機械本体からの外部振動が板金部品が持つ固有振動数と一致すると、物体は共振して振幅が大きくなり、場合によっては物体の破損につながることがある。そのため、機械本体の固有振動数の考慮が必要な場合も考えられる。

　結果として、図1.1.9にように、荷重や振動が掛かることで、カバー板金部品の変形や、変形によるねじ締結の緩みなどが生じて、「思わぬトラブル」につながることも考えられる。

　したがって、多くの部品ではこのような検討を行っても、結果としてそのための対策を必要としない。この「力の流れ（図1.1.10）」の検討過程を、ベテランの経験から、意図して省略することは可能であるが、設計初心者が、この過程を意図しないで省略や考慮しないことは問題がある。

　この工程は、機械板金とは異なるが、建築板金、特にダクト板金では、風量・風圧の計算の結果として、ダクト配管設計において行われている。

ポイント⑤

 機能を実現する工作法も考える

	切削加工	塑性加工
加工形態	この部分を除去 金属を細かく切断して排出	平板をU字型に曲げる
加工工具剛性	高い	高い
被加工材剛性	高い	低い
歩留まり	低い	高い
機械精度	高い	高い
加工品精度	高い	一般的に低い
加工の汎用性	高い	低い
加工共通言語	有	無

図 1.1.11　除去加工（切削加工）と変形加工（塑性加工）の比較

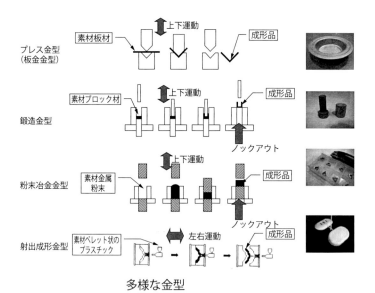

図 1.1.12　金型を利用した変形加工

「自分は設計する人」ではなく、作る人のことも考えて

「モノづくり」は、まさしく、「機能」を「機構」に変換することである。その変換作業をより効率的に行うには、より多くの「加工法」に関する情報を有することが、「最適解」の加工法選択を可能にする道でもある。

そのために、基本的な加工法とその特徴を理解し、最適な加工方法を選択する力を持つべきである。最低限でも以下の加工法を理解する必要がある。

＊材料から必要な部分を残して不要な部分を取り除く
・・・・・・除去加工（図1.1.11）
＊力などを加えて材料を必要な形に変形させ必要な形状を作る
・・・・・・変形加工（図1.1.12）
＊必要な製品の部分を組み合わせて製品形状を作る
・・・・・・接合加工
＊製品のお化粧をする・・・・・表面処理加工
＊最新技術・・・・・　・・3次元プリンタ

板金部品の設計過程では、これらの技術の中から変形加工の「板金加工」を選択することになる。なぜならば、板金加工法が、現状で「最適解」と考えることができるからである。しかし、今後新たな技術が確立されるかもしれないので、板金加工を加工法の1つの選択肢とした「視点」が大切ではないだろうか。

これら加工法選択過程においては、当然、それぞれの加工法の長所・短所を理解することが必要である。その上で「私は、板金加工する人」ではなく、「エンドユーザーへ渡す製品製作の一部を担当している」と考えて、個々の製品を構成する部品の必要とする機能を理解することで、製品形状や工法、さらにコストにも影響することを前提に「モノづくり」に立ち向かう必要がある。時代の要請で、作り上げられた製品の「分解性・メンテナンス性・環境配慮」も考慮する必要が求められる。

2 加工技術および加工機械の知識

板金加工では、

加工機械＋加工材料（被加工材）＋金型

の3要素で加工が行われる（図1.2.1）。

板金機械は、金型を内蔵した形式が多々ある。例えば、シヤリングに関しては、刃（ブレード）であり、タレットパンチプレス（交換可能）には、金型が内蔵されている。そのため、金型に向ける視点や考慮が弱いのも事実である。基本的には、板金加工を直接行うのは金型であるので、メンテナンスも含めて知識を蓄えることは重要である。

「板金（ばんきん）」と言われるように、「板金（いた＋かね）」つまり金属の板状のものが多くの板金加工の材料となる。さらに、材料に「鉄」を含んでいるかどうかで区別される。鋼はその名のとおり、鉄をベースにした鋼材で、反対に非鉄金属とは鉄をベースにしていない金属の総称である。板金材料は

・非鉄金属材料・・・・アルミニウム・銅・真鍮（黄銅）
・鉄鋼材料・・・・・・鋼板・鉄

と区分される。板金材料は、名称が異なるように、性質も大きく異なる。例えば、板金材料は、程度の差はあるが、材料が

＊「戻る」と「伸びる」・・・・・弾性と塑性
＊「硬くなる」・・・・加工硬化
＊「変形による体積変化はない」・・・・体積一定

の大きな3つの性質がある（図1.2.2）。

具体的には、材料を伸ばすならば当然であるが、板金材料の加工前後の体積が変化することはないので伸びた個所の板厚は薄くなる。「針金を手で繰り返し曲げて切断」することを経験したことがあるだろう。では、なぜ、「単に引張っても切ることができない針金」を切断できるのであろうか。

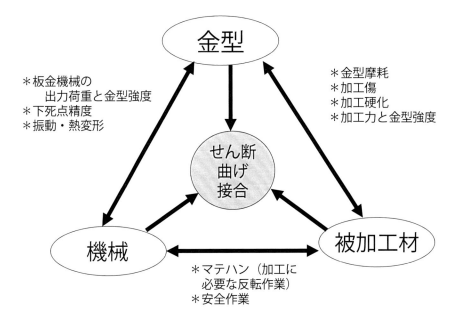

図 1.2.1　板金加工の 3 要素

＊加工硬化
　　＞材料は加工すると程度の差はあるが硬化する

＊弾性と塑性
　　＞変形加工を必要とする板金加工は、弾性変形→塑性変形のプロセスを通過

＊体積一定
　　＞変形加工された前後の材料は体積は一定である

図 1.2.2　塑性加工の基本的視点

板金材料3つの特性

塑性変形   弾性変形

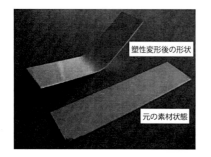
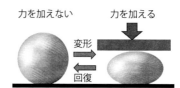

図 1.2.3 弾性と塑性

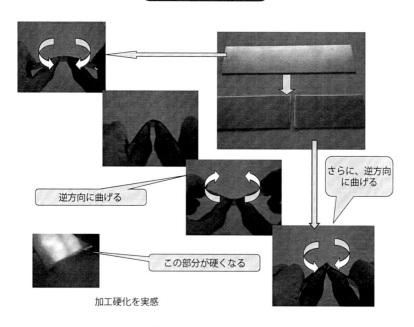

図 1.2.4 加工硬化

当たり前のような現象を確実に把握

　板金材料を使用して作られる板金製品は、日用品から工業製品まで幅広くあり、使用される製品や場所により要求される性質も異なる。板金製品の製作過程は、切断、曲げ、絞りだけではなく、溶接や塗装など様々な加工が工程に含まれることから、使用する材料の特性を知り、それぞれの加工工程の要求に対応した設計と加工が必要である。また、板金加工製品は、「形状」だけではなく強度なども重要な要因である。つまり、板金材料が異なれば、強度も変化することを認識することが大切である。

　では、材料の特性とは何だろうか。直感的には

- ・材料を引張ると伸びる　　・材料を圧縮すると縮む
- ・材料を加工すると硬くなる　・引張ると破壊することがある
- ・少しの荷重を付与しても荷重を取り除くと元に戻る

などが思い浮かぶだろう。これらは、3つの材料特性にまとめることができる。

①弾性と塑性

　板金加工では、力を加えると変形するが、その力を取り除くと元の形状に戻る「弾性変形」をして、さらに大きな力を加えることで、元の形状に戻ることができない「塑性変形」をする。ここで考慮することは、塑性変形状態でも材料内部には、「弾性変形」の時に加えられた力（元に戻ろうとするエネルギー）が蓄積されていることである（図1.2.3）。

②加工硬化

　このプロセスで板金の製品設計で見落とされるポイントとして、「加工硬化」がある。板金材料を加工すると必ず「大小の差はあるが加工硬化する（材料が硬くなる）」。さらに、加工度を大きくすると、より大きな加工硬化を生じる（図1.2.4）。

③体積一定

　板金材料は、「加工前後の体積一定（体積変化がない）」である。板厚が減少すれば、その減少部分の体積分の板幅が増加することで、板金材料の体積の一定の中で、材料変形が起きる。

ポイント②

板金材料特性を抑えよう
①引張試験

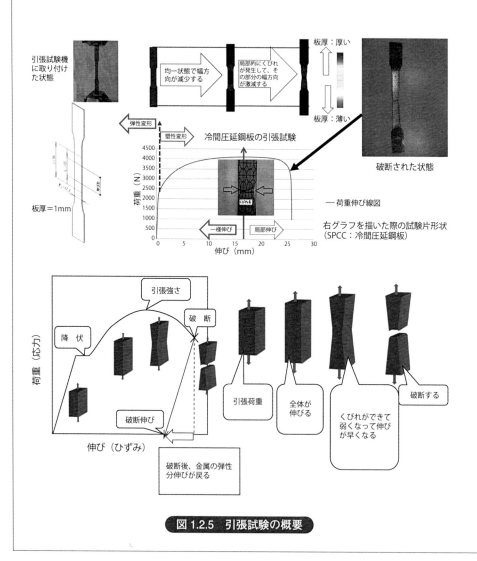

図 1.2.5　引張試験の概要

引張試験を読み解く

　材料の特性を、変形の過程を通して観察できる基本的な試験として「引張試験」と言われるものがある。引張試験自体は、非常に単純な動きである。この試験から非常に多くの情報を得ることができるので、それを板金加工の現場で生かすことが大切である。図1.2.5に示す試験機に取り付けられた試験片を、引張り続けるときの変位とその時の荷重を測定する。これをグラフ化するならば、

　＊横軸（X軸）：伸び　　　　＊縦軸（Y軸）：荷重

とする。このグラフから、

　＊横軸（X軸）が大きい場合は、変形する量が大きい
　＊縦軸（Y軸）が大きき場合は、変形に大きな力が必要
　＊グラフのこう配が大きい場合は、変形に変形を重ねることで、より大きな力が必要

と特徴を読むことができる。さらにグラフを詳細に見ると、最初の直線部分とそれ以降の曲線部分に分けることができる。

＊引張試験を始めた部分で変位と荷重が直線関係にある部分では、荷重を取り除けば形状は元に戻る弾性変形の範囲である。
＊材料が弾性の限界を超えると耐えられなくなり「降伏」する。その後は、塑性変形の段階に移る。この塑性変形は、加工を進むにつれて、より大きな力を必要する。つまり、加工（塑性変形）が進むにつれて、材料は強くなり、加工が難しくなる。このような現象を「加工硬化」という。
＊この塑性変形の過程では、伸びると同時にくびれを生じて材料の断面積が変わる。この断面積の変化を絞りと呼び試験片の断面積は減少する。しかしながら、「強度増加＞断面積減少」（一様伸び範囲）である範囲では、引張荷重は増加する。さらに荷重が増加すると、試験片の一部が極端にくびれるようになり、「強度増加＜断面積減少」（局部伸び範囲）となる。つまり

　　荷重＝（単位面積当たりの力：応力）×（断面積）

であるので断面減少が進むことで、荷重が減少することになる。

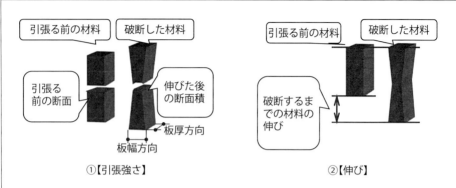

①【引張強さ】　　　　　　　　②【伸び】

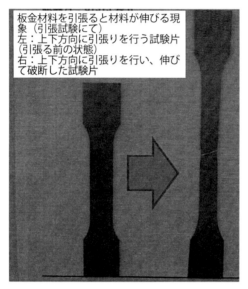

【実際の引張試験片では】

図 1.2.6　伸びと荷重

荷重…………応力＝荷重／引張試験片の断面積
伸び…………ひずみ＝基準になる距離から伸びた量／基準になる距離

＊引張強さ（図1.2.6①）

引張強さは引張試験の試験結果から求めることができる材料特性値の1つである。材料の選択をするときに、強い材料かどうかの判断として使用でき、材料の基準として用いられる。プレス加工時の加工荷重を求めるときに必要な値であり、引張強さが大きくなると、加工荷重も大きくなる。

引張強さは次式から求めることができる。

$$\sigma_B = P_{max} / A_0$$

σ_B　：引張強さ（N/mm^2）
P_{max}：最大荷重（N）
A_0　：試験片断面積（試験前）（mm^2）

＊伸び（図1.2.6②）

板金材料の引張試験における「伸び」とは、一般的には、引っ張られた試験片の板厚が薄く、板幅が狭くなり、破断されるまでの「伸び」を示す。伸びは、試験片の板厚と板幅が全体的に変化して伸びる範囲（一様伸び）と、一部が極端に薄く、幅が減少して伸びる範囲（局部伸び）に分けられる。

板金加工での加工法を考慮して、どちらの「伸び」を設計での考慮するデータにするか判断する必要がある。伸びを評価するには、ある基準長さに対する伸び量の百分率を用いる。これにより、多様な状況においても共通的なデータの指針として利用することができる。

＊降伏強さ

降伏点は、力を加えた際に板金材料が変形して元の形状に戻らなくなる強さを示している。降伏点より小さい力であれば、力を離せば元の形状に戻ることができるため、弾性の上限とも言われる。この降伏点として設定された力までであれば、材料は元の形状に戻るので、機械や構造物、部品など、設計においてはこの降伏点をベースに更に安全率などが加味されて検討が行われる。

「降伏強さ」は、「引張強さ」よりも設計者にとっては重要である。

ポイント③

板金材料特性を抑えよう ②r値

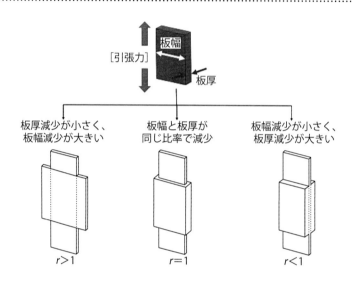

r値を求める

$$r=\frac{\text{板幅方向の対数ひずみ}}{\text{板厚方向の対数ひずみ}}=\frac{\ln\left(\dfrac{W}{W_0}\right)}{\ln\left(\dfrac{t}{t_0}\right)}=\frac{\ln\left(\dfrac{W}{W_0}\right)}{\ln\left(\dfrac{L_0 \cdot W_0}{L \cdot W}\right)}$$

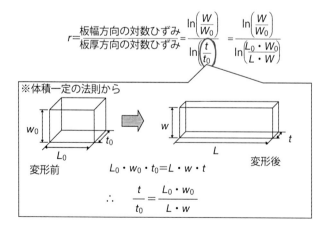

図1.2.7 r値(ランクフォード値)

変形も場所により得意不得意が

　板金材料特性の大きなポイントの1つは、あまりにも「当たり前」と思われることであるが、「板金加工で変形を受けた材料の体積は、加工の前後では変化しない」である。つまり、引張試験で試験方向に伸びるということは、その伸びた分、試験片の幅や板厚が減少することである。では、引張試験で材料を変形させる際、試験片の「板厚」と「板幅」は同じように変形するだろうか。実は、多くの金属薄板は、変形の度合いが異なる。さらに問題は、例えば、冷間圧延鋼板SPCにおいて、圧延方向と圧延方向に対して45度方向の「板厚」と「板幅」の変形の度合いが異なる。このことは、板金加工において製品精度に影響を及ぼすことがある。このような特性をr値（ランクファード値：**図1.2.7**）として活用している。つまり

板幅・板厚方向の縮み量の比率

$$板厚縮み量の割合／板幅縮み量の割合 = r値$$

として評価する。

　　$r=1$のとき、板幅・板厚方向に同じように減少する

　　$r>1$のとき、板幅縮みが大きい場合は、板厚減少が小さく、r値が大きくなる

　　$r<1$のとき、板厚減少が大きい場合は、板幅縮みが小さく、r値が小さくなる

　これらのr値は、材料により異なる。

　板金材料は、「圧延」という工程を経て薄板材料になる。そのために、板金材料には「板目」と言われる「圧延方向」という概念がある。この「圧延方向」があるために、同じ材料でも、それぞれの変化傾向が異なる。つまり、圧延方向に対してある角度で引張りを行うと異なった変化が現れ、圧延方向で引張る場合と比較すると、異なる現象が現れることがある。

ポイント④ 加工硬化・時効硬化

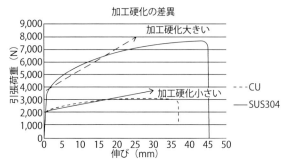

材質	n 値
軟鋼	0.2～0.25
Al 1100	0.25～0.3
純銅	0.3～0.5
SUS304	0.4～0.5

①引張試験と加工硬化係数

②加工硬化のイメージ

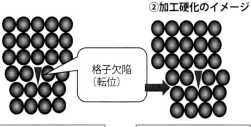

| 金属の原子が規則正しく並んでいるが、一部不連続部分がある | 外力が加えられるとこの格子欠陥部分が滑りやすく、変形しやすい | 変形が進むとこの欠陥部分が絡まり、変形しにくくなる（加工硬化） |

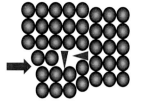

| 金属の原子が規則正しく並んでいるが、一部不連続部分がある | 外力が加えられるとこの格子欠陥部分が滑りやすく、変形しやすい | 変形が進むとこの欠陥部分が絡まり、変形しにくくなる（加工硬化） |

図 1.2.8　加工硬化とは

加工硬化係数（n値）・時効硬化

　板金材料の引張試験を行うと、弾性変形を経て塑性変形に移行した際に、加工を進行させるために必要な引張荷重の増加の割合が異なる。銅板は比較的、荷重の増加が緩やかである。一方、SUS304（オーステナイト系ステンレス鋼板）は、図1.2.8①のグラフから明らかなように、加工を進めるためにはより大きな荷重を必要とする。このような現象を、金属材料が加工され塑性変形が進むと、強度が増加する「加工硬化」という。

　加工硬化が生じる原理を、金属原子レベルで考えることでイメージしやすい（図1.2.8②）。金属材料は金属原子がある一定の法則で規則正しく並んでいる状態であるが、その一部分を拡大して見てみると、規則性が乱れているところがある。これを「格子欠陥」と呼んでいる。加工の外力が加わるとこの格子欠陥の隙間が滑りやすく、ある程度までは加工がスムーズに行われる。しかし加工を進めていくと、欠陥がうまく埋まらないために、様々な方向を向いた格子欠陥が絡まって加工しにくくなる。

n値（加工硬化係数）

　n値は0〜1までで、その値が大きい材料は加工硬化しやすい材料になる。
　加工硬化とは、加工によるひずみの増加により、変形抵抗が増大して、硬くなる現象をいう。プレス加工では加工硬化は避けられない現象である。n値が大きい材料は加工硬化が大きい材料である。

時効硬化

　材料を放置して置くと、製造して間もない材料と比較すると硬くなり、加工しにくいことがある。これを「時効硬化」と言い、鋼の中の炭素や空気中の窒素の原子は他の金属と比較すると非常に小さいため、格子欠陥の中に入り込み、材料の弾力をなくしていくことで起こる。時効硬化はある一定の力を加えると炭素、窒素が外に出るため改善される。そのため成形加工前にレベラー加工をする。または、材料の放置時間を短くし、手早く加工する。板金加工時にしわやストレッチャーストレーンと呼ばれる縞模様ができるのは、加工硬化や時効硬化の影響があり、材料が不均一に伸びるために起こる。

ポイント⑤

板金機械の動き

タレットパンチプレス
（アマダカタログより）

加工製品例

シヤリング

直線せん断加工例

①曲げ加工機械（プレスブレーキ）加工状態と加工例

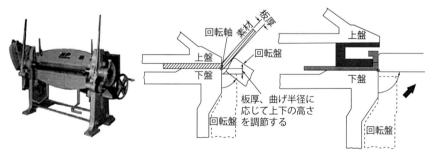

②万能曲げ機（フォルディングマシン）

図 1.2.9　各種板金機械

板金機械の動きと加工の関係に注目

【切断する機械】

　板金加工は、利用される加工法を大雑把にくくるならば、「切る」＋「曲げる」＋「接合する」の3つの要素で構成される。「切る」作業には、かなり自由度はあるが作業能力や精度では劣る「ハサミ」による作業から、直線状の切断を行うシャリングと言われる切断機、さらには、長い周長を持つ複雑な形状を、小さな四角や丸形状の穴を切れ目なく加工することで実現するNCT（NC制御タレットパンチプレス）がある。多様な形状を小さな四角・丸形の単位で切断し形状にするので、厳密には、製品の外周は、スムーズな曲線でなく円弧や直線で作られていることが欠点でもある。当然であるが、それぞれの加工によって出来上がりの状態や加工コストに少なからず差異がある。

【曲げる機械】

　板金加工で利用される曲げ加工機の特徴に
　・直線状の曲げに利用
　・汎用性のある金型で、多様な製品形状に対応
がある。板金材料を曲げるための機械板金においては、主にプレスブレーキが使用される（図1.2.9①）。プレスブレーキは横幅が広く、曲げ線が長い板の曲げ加工に適するように作られた曲げ専用プレス機械である。機械式と油圧式、サーボモータを利用したものがある。プレスブレーキによる曲げは、汎用型による加工で様々な製品の曲げ加工に対応しており、特に長尺材の曲げ加工には多く使用されている。他に、万能折曲機（フォルディングマシン）（図1.2.9②）もあり、手動式と動力式のものがある。材料の片側を固定しておき、もう一方の側を折りたたむような状態にして曲げる「折りたたみ曲げ」を行う。手動式は主に建築板金での作業に使用され、上型に心金を用いるといろいろな形状に折り曲げることができるという長所がある。一方で、プレスブレーキによる曲げに比べると、作業効率が悪く、曲げ精度が劣るという短所がある。

　動力式においては、自動の折り曲げ機として、厨房機器、配電盤、事務器、ドアなどの曲げ加工に使用される。

ポイント⑥

板金機械の金型

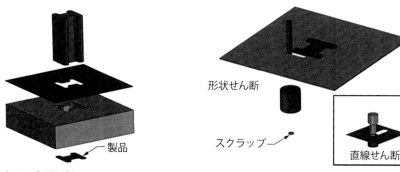

図 1.2.10　せん断の汎用・専用金型

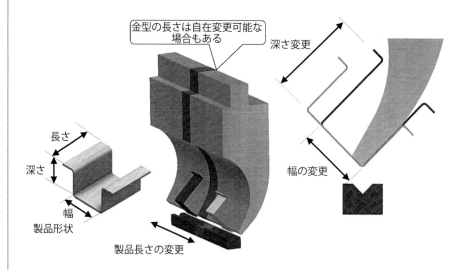

図 1.2.11　曲げ金型の汎用性

工夫する金型および荷重に敏感

　板金加工での「切る」「曲げる」の行為は、直接的には、金型が行う作業である。「精度よく、早く、安く（QDC：品質・納期・コスト）」の全てを100%満足させることは難しい。少量生産のウェイトが高い板金加工においても同様である。中でも、生産に必要不可欠な「金型」は、「専用形状の金型のコストや製作時間」が大きく影響するので対応策として、より多様な状況下（形状、精度、納期など）で生産を行うために、汎用金型が利用される。汎用金型と専用金型の特徴を十分に理解することがポイントである。それを図1.2.10に示す。

汎用の金型：基本形状を加工する金型（穴をあける・曲げる）を利用して任意の形状加工を行う。タレットパンチプレスを利用する少量生産に適している・・・・「板金加工」

専用の金型：製品形状に合わせた金型を専用に製作して加工を行う。大量生産に適している・・・・・・・・・・・・・「プレス加工」

　2つの金型は同じ形状の製品を作り上げることができるなど、似通っている部分がある。タレットパンチプレスで使用される「せん断金型」の基本構造は、プレスせん断金型と同様である。プレス機械のボルスタに載せて使用するユニセット金型（加工を行うパンチとダイの主要部分だけ交換できる金型）として利用すると、制限はあるものの比較的自由な位置に穴をあけることができる。さらに、金型交換することで、異なった直径の穴をあけることもできる。

　曲げ加工で利用する金型の代表例は、プレスブレーキのパンチとダイの組み合わせである。これらは、図1.2.11に示す製品形状の設計時に形状変更などに「汎用金型」の大きな利点でもある。

　＊製品形状の深さの変更が容易である
　＊同じ断面形状であるが、製品長さの変更が容易である

　これらの金型で作られる板金部品には、加工従事者が行う「金型」の取り付けやメンテナンスが大きく出来栄えに影響する。「金型の動きと機能」を確実に理解して、取付け・加工・保守を行うことが「高付加価値の製品」を生み出す土台であることは、設計者も認識する必要がある。

ポイント⑦

❓ プレス加工も知っておこう

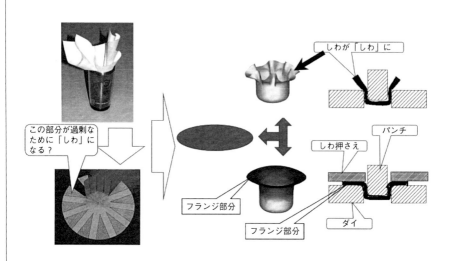

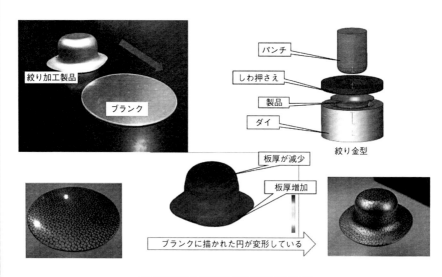

図 1.2.12　絞り加工のイメージ

絞り加工を抑えておこう

　まず初めに、「絞り」という言葉で何をイメージするだろうか。
＊洗濯をした後に行う「絞り」を思い出す人
＊こだわり写真を撮影する際の露出を「絞る」を思い出す人
＊「知恵を絞る」「声を絞り出す」「人数を絞る」「的を絞る」などの言葉を思い出す人

　これらにはそれぞれ、「小さくする」・「少なくする」・「狭くする」というイメージがある。つまり「絞り」とは、材料などに変化を与えて「大きさや量を小さく」することである。

　しかし、これらのイメージだけで、金属薄板の「絞り加工」の原理をイメージすることはかなり難しいので、身近な材料である紙を使って紙コップを作ることから考えてみる（図1.2.12）。

　絞り加工は、平板から容器状の製品を成形する加工法で、切断や接合をしないので継ぎ目のない立体形状を作ることができる。身近な製品としては、トレイ・自動車部品・流し台・丸みを帯びた家電製品などが思い浮かぶであろう。

　せん断金型の切刃（パンチとダイの両側）に当たる部分を、適度なR（丸み）形状に変形させた金型を利用して、鋼板を「しわ押さえ」とダイの間に挟んで、鋼板をダイ穴に流し込むようにしてコップ状の立体形状を成形することを「絞り加工」という。

　紙で継ぎ目なしのコップ容器を作ることが容易でないことから、「絞り加工」の難しさをイメージできるだろう。

　なお、同じような加工を「成形加工」と呼ぶこともある。「成形加工」と「絞り加工」の関係については、多様な考え方があるが、板厚を大きく変化させることなく立体形状を加工することを「成形加工」だと言える。

第2章

板金部品の設計・製図

1　設計手順の検討

「板金設計」と言っても、全く白紙の状態から、板金製品の設計を行うことは少ないだろう。設計者は、今までの経験や事例を活用することで設計作業を行っている。新たな性能を持ち合わせた板金材料への進化や、板金部品の組み込まれる製品の性能の変化は、絶え間なく起きている。かつての製品を基準にして、必要な形状や寸法を変更する「流用設計」と言われる設計作業であっても、白紙状態から新規設計を行うときの試作モデル作成や実験などの検証を行わなくても、せめて検証の必要性を確認することは、必要ではないだろうか。これらの検証などの作業を欠くことは、

(1) 重要部品でないために設計時の事前解析不足
(2) 工学的知識不足で予想外の結果になる
(3) 部品だけに注目して、使用時の総合的な解析不足
(4) 利益第一主義

の問題につながり、多くのトラブルや手戻りが多々発生する可能性がある。

具体的には、図2.1.1に示す簡単な形状であっても機能を満たす板金製品を設計する際には、「強度」が必要な板金製品では、単に「荷重が掛かる」というだけでなく、「どのように、荷重が掛かるか」が、重要になることは明確である。つまり、荷重の掛かり方に注目するならば、

時間経過を考えた

①時間の変化に関係なく同じ荷重（「圧縮」または「引張り」）が掛かる
②負荷となる荷重が時間とともに変化する

と、荷重変化を考えた

①荷重の変化が「圧縮」と「引張り」が繰り返される。
②荷重の変化が「圧縮」または「引張り」の範囲で大小の変化を繰り返す。

などの状態が考えられる。さらには、この板金部品が取り付けられる本体が振動するなどの動きにも影響することも考えられる。また、板金部品本体だけでなく別の視点からの設計の検討も必要である。一例であるが、この板金製品が使用される環境である。金属である板金製品は、熱による膨張も生じる。板金設計において製品が使用される温度・湿度・雰囲気（海岸近くまたは温泉地区）までも検討事項に加える必要がある。

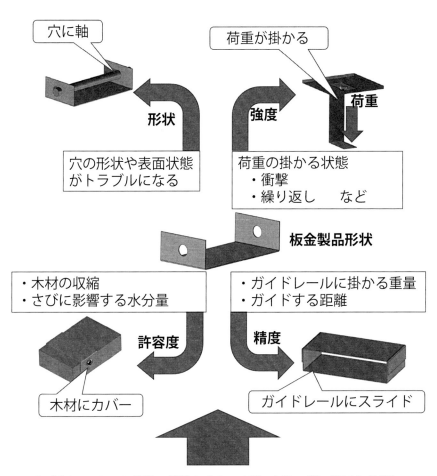

図 2.1.1　機能により異なる板金製品設計時に考慮する事柄

何のための板金部品か考える

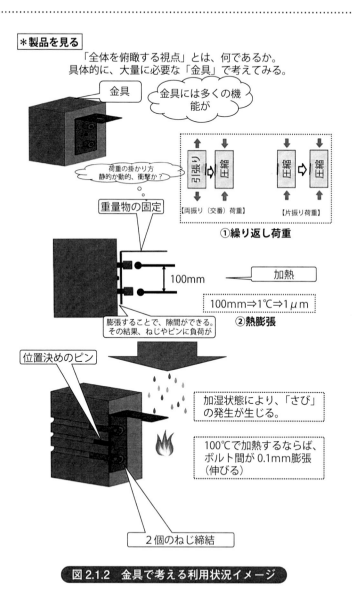

図 2.1.2　金具で考える利用状況イメージ

板金製品の使われる状況をイメージしよう

板金製品は、組み込まれて利用されることが多いので、その部品に対して、設置されている環境と外部からの影響を考慮することが大切である。

具体的に、図2.1.2のような金具の機能を必要とする板金製品で考える。

【荷重】

荷重には、時間の経過に関係なく同じ荷重が掛かる「静的」と時間の経過とともに荷重の大きさが変化する「動的」がある。図2.1.2の場合、金具に掛かる荷重を考慮する必要がある。また、動的であっても、繰り返し荷重（荷重の方向が反転する「両振り荷重（交番荷重）」と同じ方向で大きな荷重のみが変化する「片振り荷重」）があることも注意が必要である（図2.1.2①）。なぜなら、このような繰り返し荷重を受けると、降伏応力以下でも破壊に至ることがある。このような荷重による破壊を「疲労破壊」と呼ぶ。疲労破壊は、繰り返し応力の大きさと繰り返し数によって決まり、この破壊に至らない最大応力を「疲労限度」と呼ぶ。

【熱】

衆知のように、多くの材料は、熱により膨張する性質を持っている。

板金材料（軟鋼板）でも当然、膨張する。その大きさは、僅かと思われるが、使用環境によっては無視できない。

熱膨張は、「100mmで1℃上昇することで1μm膨張」と言われる。例えば、図2.1.2②の金具に100℃で熱が加えられるならば、100μm（0.1mm）膨張することになる。このことから、締結ボルトや位置決めピンに板金材料の膨張が影響することは、簡単に想像できる。

【さび】

ほとんどの金属は、純金属では存在できず大気中の酸素と結び付いた酸化物である。さび発生の必要条件は、鉄、酸素、水である。具体的には、空気中にある酸素が水分に吸収され、「さび」になる。当然、湿度は、空気中の水分量であるので「さび」発生に影響する。さらに、塩分も「さび」の進行を早める効果がある。そのため、金具の使用環境も設計時の重要な検討事項になる。

ポイント② QDCを考えて「板金加工」にこだわらない

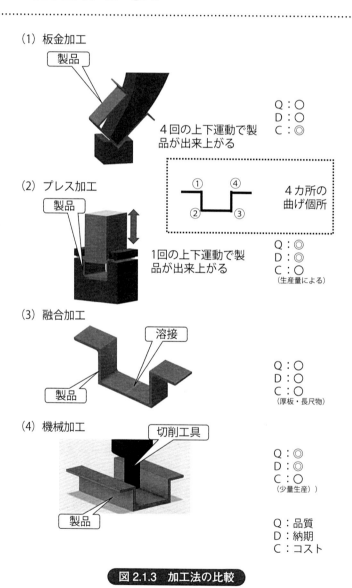

図 2.1.3　加工法の比較

板金加工の特徴を理解しよう

　「板金加工」の書籍で「板金加工にこだわらない」というのは、違和感を覚えるだろう。「機能」を必要としているので、その機能を発揮するのが「板金加工」以外でも問題はない。つまり、モノづくりの大きな要因である

　　　　　　　Q：品質　　　D：納期　　　C：コスト

の視点から板金加工を他の工作法と比較したとき、優位性が見いだされたため、「板金加工」が採用されるのである。

　ここでは、4つの工作法をQDCの視点で比較してみる（**図2.1.3**）。

　板金加工は、製作に必要な工程が多いために時間を必要とする。さらに、曲げの4工程を要するので、精度にバラツキが生じることも考えられる。

　「プレス加工」では、1回の加工工程で製品が出来上がる。精度は加工する金型に依存するが、高精度部品を製作することができる。

　融合（接合）加工の代表格は「溶接」である。この加工は、品質・納期・コストの全てにおいて、優位性を見いだすことが難しい。しかしながら、長尺（一般に流通している長さ5.5mの型鋼を利用した場合）で、長尺のハット曲げ加工の製品と同等の製品を製作できる。この点では、優位性がある。

　機械加工では、最近の数値制御が搭載された切削加工機械（マシニングセンタなど）の登場と相まって、より「精度」の面では、大きな優位性がある。

　この他にも加工法は考えられる。例えば、金属を溶かして型に流し込む「鋳造」などが挙げられる。

　このように、それぞれの加工法には特徴があるので、製作する製品が要求する仕様（特に機能）を満足させるために、必要な加工法を選択することが重要である。結果として「板金加工」の特徴と製品仕様との合致点が、他の加工法に比較して勝っていることにより「板金加工」での製作となる。

　このような比較検討は、意外と行われていないことが多いが、新工法や新材料の登場の際に、この検討を行うことにより、実際に効率的な方法が採用されるようになるのではないだろうか。

板金製品の精度と形状

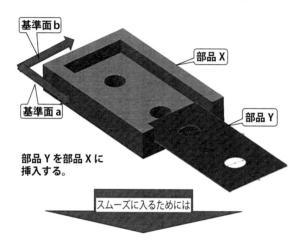

部品Yを部品Xに挿入する。

スムーズに入るためには

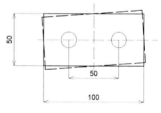

①寸法だけならば、点線のような部品Yが製作されることもある。これでは、スムーズに挿入が難しい

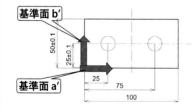

②基準面を合致させることで、スムーズにする。部品Xの基準面a, bに対して、部品Yの基準面をa'・b'とする。短辺の寸法が挿入に影響するので、他の部分に比較して精度を要求する

図 2.1.4　板金部品相互の組み合わせ

精度と形状が必要である理由

　一般的に、板金部品図面の作成は、製品設計する客先の設計者であることが多い。その際、設計時点から加工のしやすさ、コスト、必要精度などを十分検討する必要がある。生産を依頼する場合は、同一の企業内で製品設計・加工を行う以上に、この点を十分に双方で詰めて行う必要がある。最近では、3次元の図面やアイソメ図、さらには展開図までCADなどで出力され、作業現場で利用されている。そのため、特段、図面を読むことなく、作業を進めることができる。しかし、3次元の図面やアイソメ図などの「図面」には表れていない、もしくは、正確に表れていない情報が含まれている。

　特に重要と考えるポイントは「基準面を確認」することである。

　図2.1.4のようなベースX部品に板金部品Yを挿入して組み込むことを考えてみる。Y部品がスムーズにX部品に入るように考えるならば、Y部品の図面は、どのようなポイントに注意が必要であろうか。

　図2.1.4①では、穴の中心間距離は、中心線から振り分けられた寸法である。そのため、形状としては、点線のように回転して、多少曲がったような部品ができる可能性がある。2つの穴の位置だけを要求するような部品では、問題なく採用できる。しかし、Y部品がX部品に挿入することを考えてみると、両者の関係には明らかに問題がある。

　一方、図2.1.4②は寸法の取り方から基準の取り方が理解できる。X部品の基準面を、長辺a・短辺bとするならば、当然、部品Yについても、基準面を長辺a'短辺b'とし、それぞれがa・bと合致することを考える。さらにその基準面を考慮して、部品X・Yそれぞれの基準が左下にあることがわかる。これにより、各基準面から寸法を決めているのである。

　このように、単に、部品を作ることではなく、その部品に求められる機能を果たすためにも部品の配置される状況を十分に理解して設計することが、トラブルを防ぐことにもつながる。

2　せん断部品の設計

　板金製品を製作する際に、板金材料を必要な形状にする工程は、必ず必要とされるものである。その作業工程を行うのが「せん断」である。つまり、板金加工を行う第一段階で行われるのが、大きな板金を必要な大きさや形状に切る作業工程である。

　板金加工において「せん断」を行う際は、「左右に相反する力を加える」ときに必ず左右の間に「隙間」を必要とする。これを、「クリアランス」と呼ぶ。このクリアランスがある状態でせん断加工すると、せん断された断面は、平坦ではなく、板縁がR状になった部分・平坦な部分・凹凸の部分、そしてギザギザした部分が出来上がる。特に、ギザギザの部分は「バリ（かえり）」と言われている。

　「せん断」という加工は、非常に簡単に見えるが、詳細を観察するならば、多くのトラブルの原因を含んでいる。せん断加工は、曲げ加工・めっき塗装などの次工程への影響や製造者責任（PL）法に触れるような「バリ発生」の事象にも深く関係している。つまり、設計段階で「バリ」により、板金製品を利用するユーザーがけがをしないように、切り口をきれいにすることが必要とされることがある。危険な「バリ」を考慮しないで設計するならば、製造工程で作業者にけがをさせることや、「バリ取り」という作業工程を1つ増やことになり、コストへも影響する（図2.2.1）。

　また、板金材料の「せん断」は、紙のせん断とは異なり、思うようにせん断できず、その部材の修正の多くの時間を費やすこともある。そのため、せん断部品設計において、どのような問題が発生するか理解して、可能な限り、トラブル回避の設計をすることが求められている。

　以上のように、単純と思われる「せん断」でも、多くの問題が潜んでいる。では、「せん断」に伴うトラブルを詳しく観察してみよう。

　当然であるが、「せん断」を実際に行う、手工具・シヤリング・タレットパンチプレス・レーザー加工機・プレス機械などの特徴を十分理解した上での設計が必要とされていることはいまでもない。

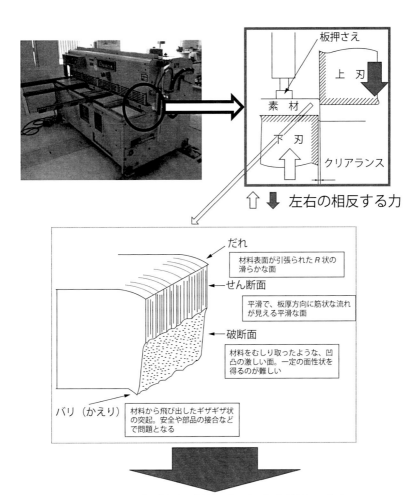

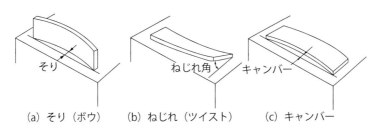

図 2.2.1 板金加工でのせん断加工の特徴

「バリ」の向き

①加工後の性状

②
(a) バリ方向が左右で異なる指定

(b) バリ方向が左右で同じ指定

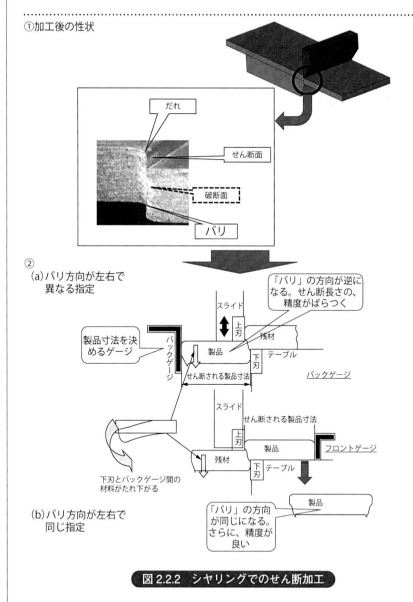

図 2.2.2 シヤリングでのせん断加工

安全・トラブル回避のために

　せん断では、加工後の性状が**図2.2.2**①のようになり、製品には好ましくない「バリ」が発生する。そのため、この「バリ」の方向に注意する必要がある。このことは、せん断する方向を考慮して製品設計を行うことが必要なことを示している。具体的な事例で考えよう。板金製品に必要なブランク材を、シヤリングという直線せん断機を使ってせん断することを想定する。このとき、せん断する部分のせん断切り口面を

* 「バリ」方向を左右で異なる指定とするならば、

　この指定は、面倒と考えるかもしれないが、想定のシヤリング加工では、図2.2.2② (a) のように、送りせん断（手前の板金材料をバックゲージに当ててせん断を繰り返す作業）でブランク材が準備できる。反面、バックゲージに当たる板金材料は、常に異なる。つまりこれは、基準が変化することでもあるので、製品寸法精度のバラツキが考えられる。

* 「バリ」方向を左右で同じ指定とするならば、

　上記の作業から想像がつくように、左右同じ「バリ」方向にするには、板金材料をせん断のたびに反転させるか、手前側のゲージを利用して、移動させることが必要となる。しかし、この方法は、ゲージに当たる基準が常に同じであるので、製品寸法精度では優位性がある（図2.2.2② (b)）。

　以上のように、短尺材をせん断する際に、早さを要求して、バックゲージを利用して行うと、せん断の性状が製品の左右で異なることになる。このような単純なことでも「バリ方向が逆なことによる追加作業」につながる。

　また、せん断され分断された被加工材のせん断された面を観察すると「だれ＞せん断面＞破断面＞バリ」の構成が見られることを前項で確認したが、幅広い板金材料をせん断する多くのシヤリングでは、よく観察すると、せん断される幅のどこでも同じせん断面を得られることが難しいことがある。つまり、せん断により「落ち側」と「残り側（テーブルに残る被加工材）」ではせん断面の割合が異なる。さらに、「せん断はじめ」・「せん断中間」・「せん断終了」でも異なるせん断切り口面になることがある。

ポイント② 「せん断面何％」の指示を記入するか

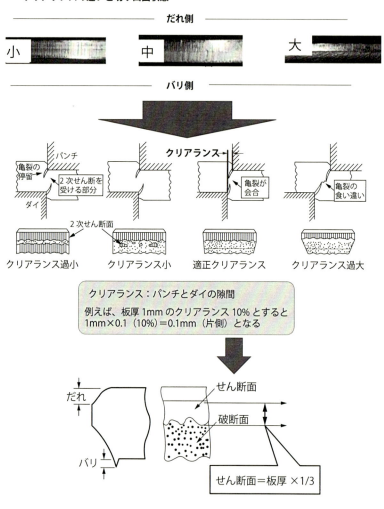

図 2.2.3　クリアランス

クリアランスとせん断切り口面を観察

　板金図面で、「せん断面が60％以上とすること」と記入することがある。この条件を満足させるためには、パンチとダイの隙間である「クリアランス」が重要である。パンチとダイの角部「の切り刃」によって、被加工材には引張力が働き、この引張力に耐えられなくなると、被加工材には切り裂かれたようなクラック（破断面）がパンチ側面から生じる。そのパンチおよびダイの切り刃からクラックが成長し、貫通することによりバリ（かえり）が生成される。このプロセスでできる切り口面には、クリアランスが大きく影響する。図2.2.3から明らかなように、クリアランスが狭い場合は、パンチの下降によるクラック発生までの下降距離が長くなり、せん断面の割合が大きくなる。反面、クリアランスが大きい場合は、パンチ下降によるクラック発生までの下降距離が短くなり（パンチとダイの隙間においてダイ側を支点でパンチ側を力点とする「テコの原理」を思い浮かべるとイメージしやすい）、せん断面の割合が小さくなる。

　実際の設計では、せん断面の割合を大きくすることを要求されることが多い。しかし、それによって生じる問題なども考慮した上で、せん断面の割合を決めることが必要である。下記の主な考慮すべきポイントを示す。

①適正クリアランスとは
　　＊最小せん断エネルギー
　　＊せん断された面のうち、きれいな「せん断面」が板厚の1/3
　　＊パンチ・ダイから発生したクラックが中間で合致
の条件が満たされた状態のクリアランスである。

②せん断面の割合を大きくするということは、クリアランスを狭くすることになる。例えば、板厚0.5mmの板金材料でクリアランスを2％とすると、パンチとダイの隙間（片側）は0.01mmとなる。つまり、せん断する機械や金型の精度が重要になり、それを担保するためのコストに影響する。

　これらも考慮した上で、せん断面の割合を決めることがポイントである。

ポイント③

「せん断形状」も考えて設計

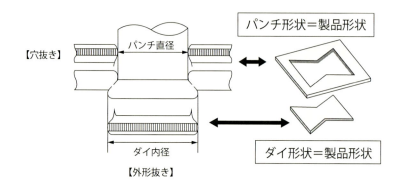

図 2.2.4　製品寸法と金型寸法

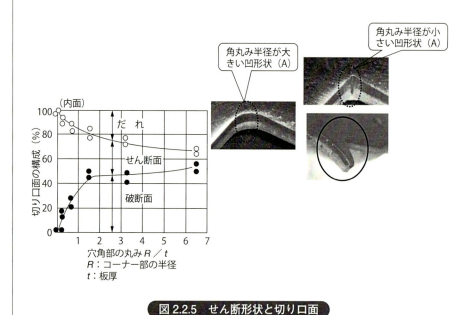

図 2.2.5　せん断形状と切り口面

形状や場所によって異なる切り口を確認

　自ら設計した板金製品のブランク材やスクラップを観察したことがあるだろうか。観察することで意外性に気づくであろう。

　一般的にブランク材の外形形状をせん断する際は、製品寸法と同じダイを製作し、クリアランスに設定された隙間を作るためにパンチを小さく作り上げる（**図2.2.4**）。その際、一般的にはクリアランスは外形すべてにおいて均一である。

　その状態で出来上がった金型で加工されたブランク材を観察すると**図2.2.5**のような個所に気づくであろう。凹形状（A）では、切り口面でのせん断面の割合が、直線状の場所に比較して明らかに大きいことが確認できる。この状態は、クリアランスとせん断面の傾向を示した説明と整合性が取れない。クリアランスが同じでも、起きている現象は、クリアランスが狭い状況と同様にせん断面の割合が大きい状態が起きている。このことは、適正クリアランスに比較して、僅かであるが大きな加工荷重と仕事量が必要とされていることでもある。そのため、「ピン角（尖った角）はパンチが摩耗して、長持ちしない」と生産現場で言われている。

　このような背景から

「ピン角には、板厚の1.5倍程度のR形状を」

という設計基準が言われている。「1.5倍」という数値は、R部分の切り口面のせん断面の割合が、ほぼ直線状のせん断と同様になる。このことは、形状R部分を含めてせん断形状全体において、せん断に必要な仕事量が同等ということである。結果として、実際の金型の摩耗がせん断形状の全ての個所で同じようになることでもある。ただし、この数値は、板金加工に多く利用される板金材料における現象で、新たな材料では、当然検証が必要である。

　このような現象は、設計段階で余り意識されないことが多いと思われる。しかし、ピン角は金型摩耗だけでなく、バリが大きくなることでそのバリが脱落して製品機能へのトラブルにつながることもある。さらには、バリが大きくなることで、バリ取りコストや塗装時の塗膜が十分にできないなどのトラブルにつながり、結果としてQDCに影響することが考えられる。

ポイント④

「穴あけ位置と形状」も原則から考えて設計

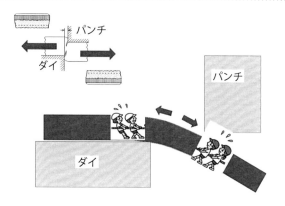

「せん断」を「綱引き」でイメージする

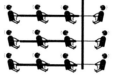

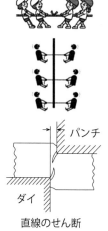

直線のせん断　　　　　板縁周辺の穴あけ

図 2.2.6　せん断を身近なイメージで

せん断のバランスに注目して

　板金部品設計において丸型、角型形状の穴あけを利用することが多い。その中でも、小さな穴や狭い場所、穴間の距離が小さい場所での板金加工では、非常に困難なことが多いので、現場で蓄積された「穴あけせん断の加工限界」を活用している。例えば、「穴あけをする際は、穴の縁と板縁の距離は、板厚の2倍程度は離す」というような設計基準の活用である。また、活用に際して、「設計基準の根拠」を理解することは重要である。

　多くの設計基準には、暗黙の了解であるかのように前提条件がある。例えば、直線のせん断は、図2.2.6のように、せん断分離される双方に同じ人数での綱引きが行われている状態である。この場合、双方に同じような断面性状が出来上がる。つまり、左右同じ力で引張られ、バランスが取れている状態で、せん断が完了した製品とスクラップを観察すると、ほぼ同じせん断面が作られている。しかし、板縁周辺の穴あけの場合、明らかに、左右のバランスが崩れている。つまり、綱引きでイメージするならば、左右の綱引きを行う人数に大きな差異があるために、どちらかに引きずられる。

　実際の板金加工では図2.2.7のように、板縁（この部分を「さん」と呼ぶ）が変形することになる。大きな板金材料の縁に穴をあける加工をイメージするならば、さん幅が小さい場合は、綱引きの人員が少ないということであり、大きな板金材料本体は、綱引き人員が多数いるということである。そのため、板金材料本体は、さん幅から材料を引張ることになり、板厚が減少することになる。さらに、狭いさん幅では、さん幅が回転するような現象を表す。この状態では、当然、板金製品としては不良品となる。

　実際の加工現場では、全く同じ状況で加工が行われていることは皆無ではないだろうか。
＊材料のバラツキ
＊板金機械の精度
＊潤滑油
＊作業環境（温度・湿度）

などの条件は特に注意する必要がある。

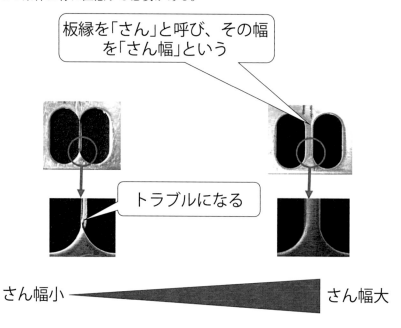

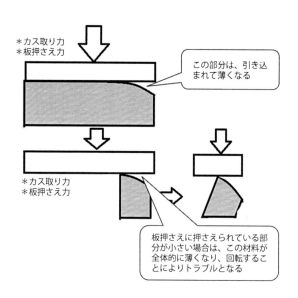

図 2.2.7　さん幅とせん断

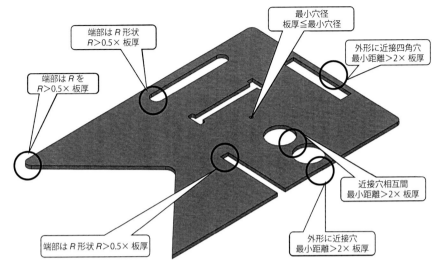

*R部分の0.5×T（板厚）は、極端なバリ発生を抑える基準である。
*金型摩耗を優先と考える場合はR部分は1.5×T（板厚）を。

図2.2.8　せん断加工限界例

　これまでの、せん断される形状の位置の適正値を「せん断のバランス」で考えてみたが、これらをまとめると、図2.2.8のようになる。
　このような「加工力の影響範囲」の視点で製品を見ると、板金部品設計を行うときに、加工限界の傾向をつかむことが可能となる。その際にも、QDCとの関係を十分に考慮して設計基準を活用することが重要である。例えば、
　＊「バリ」に注目する
　＊金型摩耗に注目する
　＊加工トラブルに注目する
などの中で優先順位を考えながら設計することである。

3　曲げ部品の設計

　板金加工の3次元形状を作り上げる主な工程が、板金材料を曲げることである。この作業工程を「曲げ加工作業」という。この作業も、実際の作業現場を見るだけでは、簡単な作業に見える。設計段階でも、形状を図面化することを一義的に考えている設計者が多いのではないだろうか。

　だからこそ、再度、曲げ加工を観察して見よう。一般的な「曲げる」という行為からイメージできるように、身近な現象で振り返ってみよう。

　まず、**図2.3.1**のように、多少厚い書籍を、パラパラをめくる際に行うように「折り曲げ」てみよう。このとき、「板金材料」ではどうなるか。図2.3.1のようになることは既に経験済みではないだろうか。この2つの違いを「端面が斜めになるか？平坦になるか？」で観察できる。「書籍曲げ」と「金属厚板曲げ」の差異は、板金材料が変形していることが原因である。書籍の各ページが変化することはあり得ない。では、板金材料にはどのような変形が生じているのか。これは、人の腕を曲げることを例にすることで、直観的に理解できるだろう。

　「曲げ加工」は、人の腕と同様に「引張り」・「圧縮」が薄板の板厚方向に働くことで変形する。曲げ部を詳しく見ると板金材料の内側は、「圧縮」の応力状態となる。外側は、「引張り」の応力状態となる。このような応力状態を維持するためには、曲げ部分に丸みが必要とされることも容易に理解できるであろう。さらに、板金材料を引張る力が大きければ、いずれ破断する。このような単純なイメージから、曲げ部分の破断によるトラブルにも対応できる（**図2.3.2**）。

　実際の曲げ加工の現場では、薄い紙を曲げるようにはうまくいかない。板厚の「バラツキ」から、材料の「くせ」・加工機械の「くせ」・金型の「くせ」、さらには、作業者の「くせ」が影響したまま曲げて形状を作り上げている。これらの「くせ」には、必ず原因が存在する。その原因を調べる際には、原理・原則レベルで理解することで新たなトラブルにも対応できるだろう。

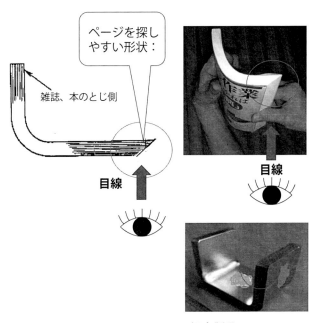

図 2.3.1　厚さのある書籍を曲げてみると

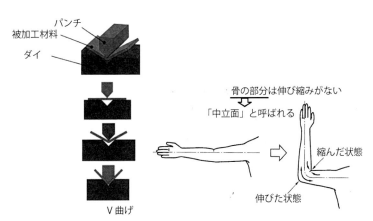

図 2.3.2　腕曲げと V 曲げ加工

ポイント①

最小曲げ半径に影響する要因は

①最小曲げ半径

最小曲げ半径は、下記のグラフのように、引張強さが大きいほど最小曲げ半径が大きくなる

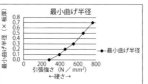

最小曲げ半径は、実際に半径で示す場合とR/t（板厚に対する値）で示す場合がある

②圧延方向

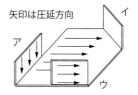

矢印は圧延方向

圧延方向と最小曲げ半径（割れ発生）の関係は、
　ウ＞イ＞ア
となり、圧延方向に直交が最小曲げ半径を小さくできる（材料によっては、変化に少ないこともある）

理想的には、曲げ加工の外側は、だれ側を配置するように曲げる

曲げの外側にせん断のバリ側を配置すると割れが発生する可能性がある

③バリ方向

図2.3.3　最小曲げ半径を決める要因

材料の伸びと状態を確認しよう

　板金部品設計で曲げ個所には、丸みを付けて描くことがある。さらに、注記に「曲げRは最小値」と記入することがある。つまり、通常曲げ加工では、角部に丸みが付与される。この理由は、曲げ部分を直角とするならば、曲げ個所の板厚方向に「圧縮」・「引張り」の応力が連続的に働くことができないことになる。そのため、板金加工では、曲げ加工部に丸みを付けるために、パンチ先端にも丸みが付与されている。

　曲げ加工後に角部の内側にできる丸みを内R（アール）という。内Rをできるだけ小さくしようとすると、角部の外側に大きな引張応力が生じ、亀裂ができることがある。この亀裂のできない最小の曲げ半径（内R）のことを最小曲げ半径【R_{min}】という（図2.3.3①）。

　最小曲げ半径は、角部の外側が引張応力に対してどのくらい伸びることができるかで決まる。伸びの大きい軟質材ほど最小曲げ半径を小さくできる。つまり、最小曲げ半径は板金加工を行う材料特性に大きく依存する。また、引張られた状態で亀裂ができやすい面の状態も大きく影響する。

　最小曲げ半径を決定する主な要因は以下の2点である。

　＊圧延方向（ロール・板目）によっても影響を受けることがある。同じ板材であっても、ロール目に平行の曲げは亀裂が生じやすいので注意が必要である（図2.3.3②）。

　＊せん断時にできた「バリ」方向に曲げ加工の「引張り」が働くことで、亀裂が入りやすくなる。つまり曲げ加工において、最小曲げ半径は、せん断された切り口面の性状に大きく影響される（図2.3.3③）。

　これらの視点を考慮して板金部品設計をする際、材料入手から板金加工までの全体を見ることが必要である。一例であるが、定尺材で歩留まりを考慮して板取りを行う際に、曲げ加工の位置を圧延方向に一致、または直交方向に一致させることを怠るだけで、一部の製品に亀裂を発生させてしまうことがある。

ポイント② スfreeリングバック

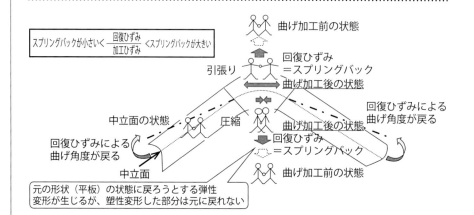

図 2.3.4　スプリングバック現象の原理

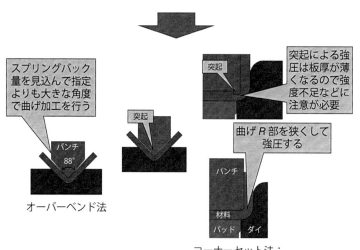

図 2.3.5　スプリングバック対策法

スプリングバックの原因をなくすには

スプリングバックの現象と対策

　「踏み台」で、人が乗ると「たわみ」が生じるが踏み台から降りると踏み台は、最初の「たわみ」のない状態に戻る。または、身近な針金細工で、僅かな曲げでは指を離すとはじけるように針金は元の直線状に戻ってしまう。これらの現象を「弾性回復（または、スプリングバック）」という。さらに、力を加えた後に指を離すと、僅かに元の状態（直線状）に戻るが、完全に直線状のもとの形には戻らない。つまり、「塑性変形（力を取り除いても元の形状に戻らない変形）」が生じる。実際の「曲げ加工」では、プレスブレーキで曲げ角度90度で製品を曲げ加工したはずが、実際は92度になることが「スプリングバック」である。この現象の原理を確認する。まず、曲げ部分を拡大して考える。曲げ加工前後で、長さが変化しない「中立面」から外側（曲げの外側のR部分）は「伸び」、内側は「圧縮」が生じている。これらの2つの相反する応力が生じている「曲げ部分」では、当然「スプリングバック」が働く。曲げ加工後、金型から製品を取り出すと、拘束され製品に蓄えられていた「スプリングバック」の力が働くことで、製品形状が金型形状と異なることになる（図2.3.4）。「スプリングバック」の代表的な対策法を図2.3.5に示す。

【オーバーベンド法】

　一般に板金加工で使用されるプレスブレーキでの曲げで利用される方法である。パンチおよびダイが板金材料を曲げる角度を90度とした場合、金型形状も90度で曲げ加工すると、スプリングバックのために製品が92度になるので、曲げ角度を88度にすれば、製品は90度にすることができるという考えで曲げる方法である。

【コイニング（コーナセット法）】

　スプリングバックは、板厚方向に働く「圧縮と引張」の状態が大きな要因であるため、この要因を「壊す」ことでスプリングバックを減少させる。この方法は、大きな荷重を必要とし、加工硬化が進むので曲げ部分が硬くもろくなっていることに注意が必要である。

【曲げ加工時間】

板金加工現場では「プレスブレーキで曲げ加工する際、最後（下死点）で若干、荷重を掛けた状態で保持すると角度が決まる」と言われている。これは、「応力緩和」という現象が起因していると考えられている。

スプリングバックを計算式で考えてみよう

まずは、計算式でキーワードになる「曲げモーメント」について確認してみる。図2.3.6のように片方の端が固定され、片方の端が壁からせり出している状態で、板の上に人が乗るとどうなるか考えて「曲げモーメント」をイメージしてみる。板の根元（支点）から板の端の方向へ歩いていくと、板のたわみ（変形）が徐々に大きくなっていく。同じ重さの人が乗る（同じ力で押す）のであれば、支点からの距離が長いほど大きくたわむ（大きな曲げモーメントを発生させる）ことになる。また支点からの距離が同じであれば、より重い人がのるほど（板に加える力が大きいほど）たわみは大きく（曲げモーメントが大きく）なる。

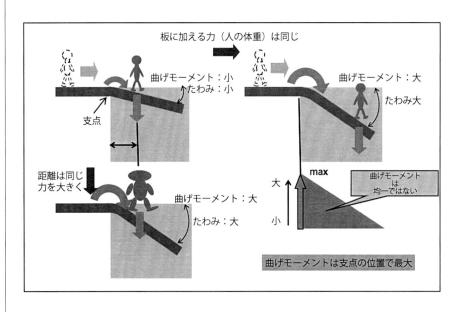

図2.3.6　曲げモーメントとは

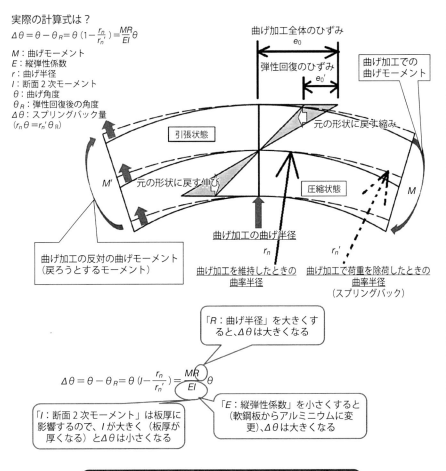

図 2.3.7　曲げ加工でのスプリングバックの簡易計算

　曲げモーメントでスプリングバックをイメージすると、曲げモーメントが働くと、大きさが同じで、方向が逆の弾性的な曲げモーメントが働いていると見なすことができる。この考えを進めると、最初に与える曲げモーメントが大きければ、その逆の戻る曲げモーメントも大きくなることになる。これは、曲げモーメントとひずみが比例関係にある場合ではないだろうか。実際の曲げ加工での曲げモーメントとひずみは、曲げモーメントが増加するほど、ひずみの割合が小さくなる（**図2.3.7**）。

ポイント③

「曲げ加工部品」では、なぜ展開が必要か

実際に曲げ加工を行っている状態

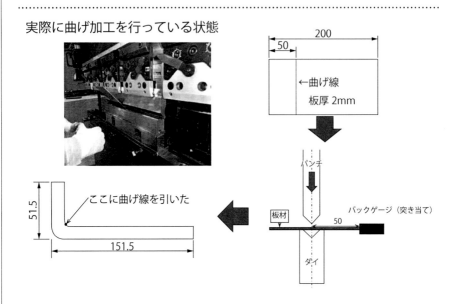

図 2.3.8　板厚 2mm の板金材料を曲げたら

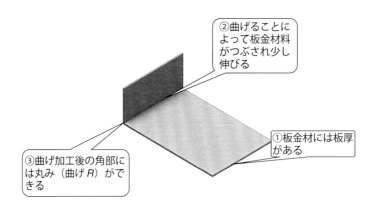

図 2.3.9　板金材料が「伸びる」とは

板金加工における「伸びる」とは

　板金製品設計では、図面を製作する「設計・製図」と呼ばれる工程がある。板金加工を行う現場では、設計された図面を基に、寸法精度や加工トラブルに配慮した寸法設定が必要である。そのため、設計図面（三面図等）から板金加工特有の図面である展開図を作成する必要がある。この工程を「読図・展開」という。最初に、曲げ寸法の変化を折り紙で考えてみる。例えば、薄い紙を折って図2.3.8のような形状にしようとする場合、長さ200mmの紙を用意し端から50mmの位置に曲げ線を引き、この線に合わせて谷折りで折り曲げることで、高さ50mmで底が150mmの紙製品が出来上がる。それでは、これと同じことを板厚2.0mmの鋼板を使ってやってみよう。

　長さ200mmの板金材を用意し、端から50mmの位置に曲げ線を引き、この線を谷折りで折り曲げる。曲げ加工後、寸法測定してみると、異なる値を示すようになる。つまり、目的の寸法より少し大きくなっていることがわかる。折り紙なら目的の寸法どおりに折ることができるのに、なぜ板金材料では少し大きくなってしまうのか。理由は、以下の3点が考えられる（図2.3.9）。

1) 板金材料には板厚がある
　板金材料の表面に曲げ線を引き、谷折りで曲げているため、曲げ加工後、曲げ線は曲げ部分の内側にある。しかし、寸法は曲げ部分の外側を測定しているため、板厚分を余計に測定していることになる。

2) 曲げることによって板金材料がつぶされ少し伸びる
　曲げ加工によって板厚が少しつぶれ、その分だけ長さが少し伸びる。

3) 曲げ加工後の角部には丸み（曲げR）ができる
　曲げ線を引き、その位置を谷折りで曲げても、板金材料は丸みのない角に曲げることはできない。角部にどうしても小さな丸みができ、この丸みの分だけ外側に曲げ位置がずれる。これらの小さな寸法のずれの合計を「伸び」と呼んでいる。つまり、この伸びによって曲げ加工後の寸法が目的の寸法より大きくなる。ここでいう伸びは、板金材料が純粋に伸びた量とは違うことを理解することが重要である。

ポイント④

万能ではない曲げ製品の形状は

「異なる応力状態を隣接させない(無理な加工は行わない)」
＋
「バランスは大切に」

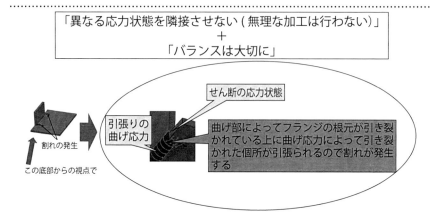

図 2.3.10　曲げ加工のトラブルの原因の原則

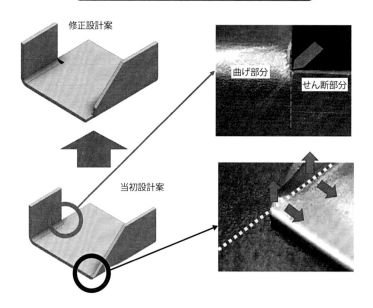

図 2.3.11　曲げ加工のトラブル実例

曲げ部分の応力状態を確認

　曲げ部の近傍は、曲げ応力の影響を受けて目的とする形状が現れない場合がある。曲げ線と製品形状が一致する場合や、曲げ線の近くに穴や切欠きなどを有する形状が変形する場合などがある。曲げ変形により曲げ部分の外側は、引張応力により伸ばされる。材料の伸びが限界を超えると製品に割れが発生する。このことは、「スプリングバック対策で曲げ半径を小さくすると、曲げ変形が厳しくなり材料に割れが発生しやすくなる」ことにつながる。

　板金部品を設計するとき、曲げ線の選択に多様なルールがある。例えば、せん断線と同じ線上に曲げ線を配置し加工するならば、トラブルになるおそれがある。このような設計ルールの原理・原則を理解すると、多少異なった形状を曲げるときにも応用できる。その原則とは、以下のとおりである（図2.3.10）。

「異なる応力状態を隣接させない（無理な加工は行わない）」
＋「バランスは大切に」

　具体的に考えるならば、板金加工で、直線の一部を曲げ加工する際、「割れ」によるトラブルが発生する。このトラブルでは、曲げ部分に生じている板厚方向に圧縮と引張りの力が働いている。一方、せん断された部分は、多くの場合、引張力が多少残り、せん断された面はかなりの加工硬化によって硬くなり、結果としてもろくなっている。つまり、せん断された後に曲げ加工が行われることで、異なる応力状態が何の境界線もなく隣接することになる。そのため、応力状態が複雑になるとともに、更なる加工硬化も影響して、破断するというトラブルにつながる（図2.3.11）。

　また、曲げ加工する際に、曲げ線に対して左右の板金材料の大きさが極端に異なり「バランス」を欠くような場合は、板金材料が引きずられる。それにより、曲げ線がずれることでトラブルとなる。

　このような視点で他の設計ルールを見直してみると、同じ原理・原則の存在に気が付くであろう。

「割れ止め」とは

①箱物板金加工品の隅部

直交方向の曲げ応力状態が隅で衝突

「割れ止め」がなく突き合わせ隅部分が盛り上がっている

②割れ止め

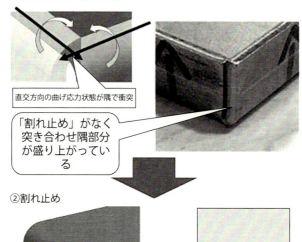

丸穴形状の「割れ止め」の製品外観と展開

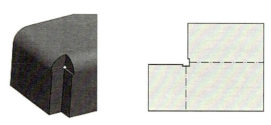

角穴形状の「割れ止め」の製品外観と展開

図 2.3.12 「割れ止め」の必要性と形状

「割れ止め」の寸法根拠

　箱物板金加工において、「紙工作」の要領で、板厚のある板金材料で作った箱物の、隅部の突き合わせ部の写真を拡大してみると、**図2.3.12①**のように膨らんで突き合わせ部に隙間が開いているのがわかる。突き合わせ部は曲げの交差点となっているため、異なった方向の厳しい力相互が衝突して、新たな力が加わって割れが発生する場合もある。

　隅角の曲げ加工はねじれを含む複雑な加工になる。それに対して、割れや隙間、膨らみ、「割れ」のおそれを防ぐために「割れ止め」が考えられている。一般的に、曲げ部分に「割れ」のおそれがある場合は、その個所に「割れ止め」を配置する。

　特に、板厚が厚いとコーナーに「割れ止め」を設ける必要がある。しかしSPCC（冷間圧延鋼板C種：軟鋼版）材で板厚が1.6mm程度までなら「割れ止め」を入れなくても割れずに強引に曲げることが可能である。この現象は、軟鋼板の伸びが、他の板金材料に比較して大きいからである。

　「割れ止め」は、丸形状と角形状がある（図3.2.12②）。また、割れ止め穴の大きさの設計基準は、「丸穴」では、下記のような基準が利用されている。

　割れ止め穴の形状には『角穴』が利用されることもある。

$$d \geq 2R \qquad d：割れ止め穴径 \qquad R：曲げ半径$$

表2.3.1　「割れ止め」の穴径と板厚との関係

板厚（mm）	0.3～0.6	0.6～1.6	1.6～2.3	2.5～3.2
穴径（mm）	2	3	4	6

　「$d \geq 2R$」は、割れ止め穴径で穴あけされた範囲で、曲げ加工の力が最低限影響していると考えることができる。「割れ止め」の穴径が$2 \times R$（曲げ半径の2倍）と同じ程度となることである。

4　板金部品の組立て設計

　板金部品は、ほとんどの場合、他の部品とともに利用され、組み込まれて利用されている。設計段階で板金部品として、機能を満足させるように設計するのは当然であるが、組み込まれる部品や締結部品などとの関係も考慮する必要がある。当然であるが、図2.4.1のように、ボルトの配置について、
　＊曲げ加工製品には、内Rができる
　＊ボルトは回転して締結する
という基本を忘れてはならない。結果として、ボルトの頭部六角の回転で曲げR部が干渉することや、締結のための工具が干渉して作業が困難になる。最悪の場合は、締結力低下でトラブルにもつながる。

　成形加工製品（絞り加工）においても、弾性変形⇒塑性変形のプロセスを経るために「スプリングバック（弾性回復）」が生じる。当然、製品精度に大きく影響する。そのため、部品相互関係を考慮しない設計で記入された寸法が、加工現場に大きく負担を強いることになる（図2.4.2）。

　例えば、円筒部品を穴に挿入する部品を想定して、製品設計を行う際に、部品図面は、必要な寸法を全高さに渡り径寸法として指定する。加工を担当するものは、図面どおりに寸法精度を追求するのが当然である。一方、絞り加工は、「スプリングバック」により口部分が広がる傾向がある。このような設計での厳格な寸法と、難しい加工に立ち向かう生産現場の、互いに矛盾するものを満足させることは難しい。そこで、機能（目的）を再度確認してみると、嵌合する円筒部分は円筒高さの約1/3である。つまり、必要とする径寸法の範囲を指示するだけで、加工に大きな余裕（納期短縮・コスト削減）を生み出すことになる。

　このように、設計時に「その寸法が本当に必要かどうか」を疑うことは必要なことである。実際は、このような単純な事例は数少ないが、「考えるポイント」として、十分に認識して板金部品設計することは可能であろう。

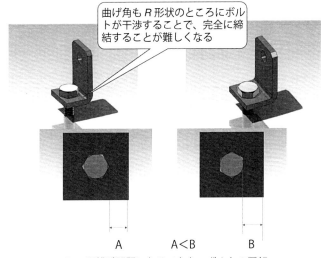

図 2.4.1　組立てトラブル（締結）

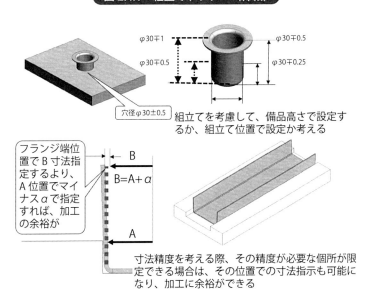

図 2.4.2　組立てトラブル寸法設定

ポイント①

組立てと精度

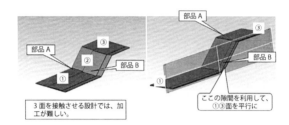

図 2.4.3　3面を合わせる設計

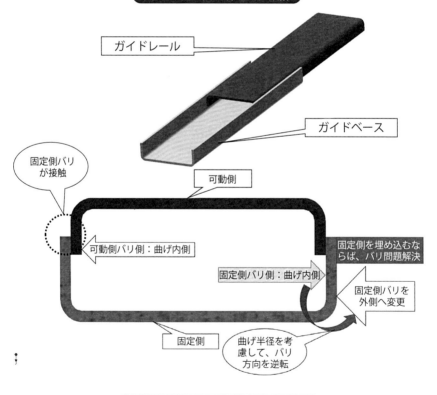

図 2.4.4　ガイドレールとバリの関係

加工を見極めることがポイント

　板金部品は、比較的、一品ものの生産および少量生産品が多い。そのため、加工現場で技能者に依存する部分が多く見られる。また、使用する板金材料の板厚のバラツキやプレスブレーキの剛性などから、加工現場での製品精度のバラツキも少なからず存在する。設計側としても、「甘い寸法公差（寸法のバラツキの許容差）」で設計するのではなく、現場の技能者の技量に応える設計が望ましい。

　ここでは、簡単な事例で「板金部品の組立て精度」について考えてみる。

(1) 3面接触の難しさ（図2.4.3）

　Z曲げ2カ所で曲げた2個の製品を、出来上がる3面（上下の平行な面と2面を接続する斜めの面）全てで接触させる（製品をぴったり重ねる）ことは難しい。この場合、2カ所の曲げ加工で、出来上がる角度を一致させる必要がある。しかし、この2部品相互の斜面に僅かな隙間を許容するならば、上下2面の平行を優先して加工することがより容易になる。

(2) ガイドレールでのバリ方向（図2.4.4）

　バリ方向を外側にして曲げ加工を行うと「割れ」発生の危険があるので、バリ方向を内側にして曲げると言われている。ガイドレールの2部品のバリ方向を考えるならば、下側の固定側が可動側の側面とバリ側で接触することになる。そのため、バリ脱落の危険やガイドレールの動きのスムーズさのために、バリ取りを行うことになる。しかし、固定側の板金部品のバリ方向を外側にするために、最小曲げ半径を変更することも考えられる。固定側が溝に埋め込まれるような形式であるならば、板金ガイドレールが組み込まれた製品を操作する作業者の安全のための「バリ取り」も、省略することが可能になる。

　以上のように、板金部品の組立てにおいても、設計する板金製品だけでなく、どのように組み込まれ、動き、利用されるかを、QDCとともに考慮することが重要である。

ポイント②

位置決め・締結を考える

①位置決め機構を考える

1穴で決め、長穴では回転防止

長穴で位置決め、他方は載せるだけ

 強固な固定はできない

②締結機能を考える

円形ボス穴の凹凸で締結

弾性変形を活用して締結

➡ 標準化・パターン化…機能分析(強度・コストなど)

 脱着が容易である

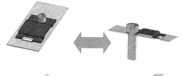

1穴と1辺で締結。ベースに切り起こし加工が必要

2穴と長穴に差し込みで締結。ベースは穴あけのみ

図 2.4.5 位置決めと締結機能の一例

組立て容易・脱着容易を

　板金部品は、機械などに組み込まれた際に、修理・メンテナンスなどで分解性を必要とする「締結するもの」と、その機械の廃棄まで分解を考慮する必要のない「接合するもの」に分けることができる。

　ここでは、板金部品で組み込み・分解性を必要とする製品について考える（図2.4.5）。板金部品を容易に組み込むために、位置を容易に決めることができ、締結作業が早くできることは、板金部品を設計する際のポイントである。

　まず、代表的な締結は、ねじ（ボルトはナットとの組み合わせで使用）である。ねじを利用するためには、板金製品側にタップ加工をする必要がある。その方法は、バーリング加工の後に穴内面にタップ加工を行う方法と、ナットをねじの通り穴が開いているところに溶接する方法がある。どちらも、意外とコストが掛かる方法であり、組み付けや分解でもねじを回す作業は面倒である。

　「スプリングバック」では、板金材料の持つ「弾性変形」を利用することで、容易に組立て・分解が可能になる。身近なねじを回すことなく分解できるデスクトップパソコンのような方法である。

　締結する際には、その部品を位置決めする必要がある。この位置決めの機能を十分に理解して、設計することがポイントである（図2.4.5①）。

　板金部品を2カ所のねじで位置決め締結することを考えるならば、ねじ自体の隙間があるため、精度は期待できない。さらには、組立て分解作業に多くの時間を必要とする（図2.4.5②）。機械設計などで利用するピンや板金に突起を作り、それを位置決めに利用することも考えられる。その際、2カ所の突起での位置決め設計では、加工誤差でうまく位置決めするのが難しくなることがある。

　位置決めの基本的な考え方は、
「1カ所で位置決めを行い、もう一方で、部品の回転を防ぐ」
と言える。この考え方の延長で、軸ものの位置決めとして
「1カ所で位置決めを行い、もう一方は、載せるだけ」
という手法が思い浮かぶであろう。

ポイント③

 溶接でない接合を考える

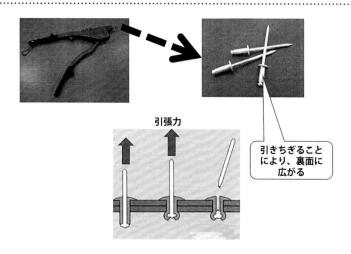

図 2.4.6　ブラインドベット

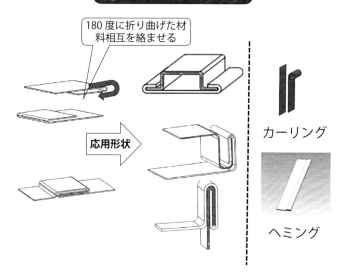

図 2.4.7　シーミング（はぜ組み）

板金材料を溶接以外で永久結合を考える

　板金部品を組み立てる製品では、必ず「接合」という加工が必要である。接合方法で多く利用されるのが、金属同士を加熱して溶融させて接合させる「溶接」であるが、板金製品で利用される材料の板厚が薄いため、「シーミング（はぜ折り）」や「リベット」という方法で接合することがある。

　ここでは、板金で利用されることが多い、シーミングとリベットについて考える。

【リベット・かしめ】

　従来の橋梁などに使われたリベットではなく、より簡便で強度や外観を考慮した接合法が多く利用されている。板金加工では、ブラインドリベットが多用されている（図2.4.6）。この方法は、裏側に手を入れることができない状態でも接合が容易にできることに大きな特徴がある。リベットの材質には、軟鋼、銅、黄銅、アルミニウムとアルミニウム合金などがある。

【シーミング（はぜ組み）】

　シーミングは、板金加工において、部品相互を接続させる場合に用いられる手法である。板金端部を折り曲げ、相互を絡ませることで接合が可能となる。特に、ダクト板金に多用されている。この方法は、板厚が薄くても可能であり、さらには、直線部分だけではなく湾曲した部分にも利用できる。基本は、手加工で行うが、実際の生産現場では、手動の機械や電動で連続的に折り曲げを行う機械がある。

　また、接合ではなく、板金の縁の強度を行うために、シーミングの前工程を利用する「ヘミング」と言われる加工がある。さらに、強度アップを考慮した縁巻き（カーリング）と言われる加工も多く利用されている。シーミングの一部を利用して強度アップ（ヘミングとカーリング）することもある（図2.4.7）。

5　設計図面と展開

　板金製品を加工する際に、必ずしも見本となる製品が存在しないことが多い。つまり、製品を加工するための唯一の情報は、「図面」となる。3次元形状をCAD画面上で見ることができたとしても、容易に実際の製品形状を理解するためには、「図面を読む能力」が必要とされる。図面には、寸法、板厚、材質などが記述されている。図面は、設計サイドと加工サイドの共有言語のようなものである。互いに共有言語の理解が必要である（図2.5.1）。

　図面からは以下のような重要な情報を得ることができる。
　＊線種で形状を把握する手段
　＊組立図は、複数の部品で出来上がる板金製品の部品相互関係
　＊部品表は複数の部品で出来上がる板金製品に必要
　＊板金部品の板厚・材料は注記で確認
　＊板金設計における基準面を確認
　＊寸法公差はJISの標準公差を利用する場合は省略
　＊曲げRは、CAD（自動展開を行う）などでは形状を記入、しかし、手書きなどの展開を現場で行う場合は、曲げRも注記で確認
　＊形状の把握（特に図面で隠れ線が多用される板金製品内部）には断面図
　＊バリの方向の確認

特に、設計者側は、これらの情報をわかりやすく現場に伝えるこが望まれる。さらに、図面に現れない「製品の機能」を理解することで、後工程への「気遣い」を作り上げることが可能になる。この工程をおろそかにすることや、作業を欠くことは、

　(1) 勝手に重要部品でないと決めつけて検討不十分
　(2) 関連知識不足（組み込まれる機械などの構造や動き）
　(3) 製作する部品だけに注目して、部分最適で全体最適でない
　(4) コストのことだけを特化して考える

の問題につながり、多くのトラブルや手戻りが多々発生する原因となる。

現物やイメージするものの形状の特徴が製品が利用される環境を十分に確認。さらに、製造現場の能力把握も必要とする

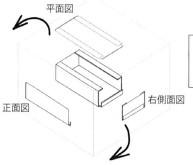

設計する部品の最も特徴を把握できる図面上の配置や投影方向を決める

2次元図面として、あるいは、3次元形状からの図面化を行う。板金製品特有の形状を図面化するのか、注記で表すのかを、製造現場と打ち合わせる

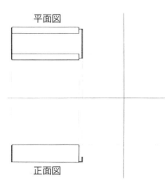

図面化の流れ

図 2.5.1　図面化の流れ

ポイント①

図面からの情報

線の種類			用途による名称	線の用途
実線	―――――――	太	外形線、輪郭線	物対の形状
	―――――――	細	寸法線、寸法補助線	寸法を書くため
			引出線	文字、記号を書くため
破線	-----------	中・細	隠れ線	見えない部分の形状
一点鎖線	-・-・-・-・-	細	中心線	中心を表す

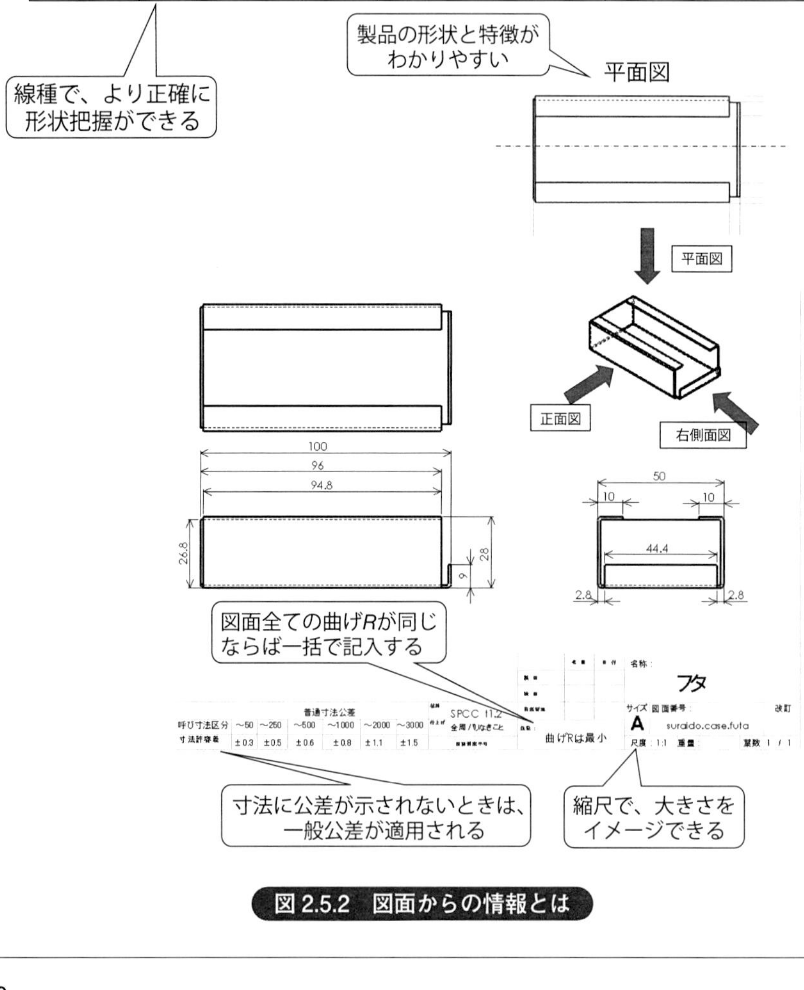

線種で、より正確に形状把握ができる
製品の形状と特徴がわかりやすい
平面図
平面図
正面図
右側面図
100
96
94.8
26.8
28
9
50
10
10
44.4
2.8
2.8
図面全ての曲げRが同じならば一括で記入する
名称：
フタ
普通寸法公差
呼び寸法区分 ～50 ～250 ～500 ～1000 ～2000 ～3000
寸法許容差 ±0.3 ±0.5 ±0.6 ±0.8 ±1.1 ±1.5
SPCC t1.2
曲げRは最小
サイズ 図面番号
A
suraido.case.futa
改訂
尺度 1:1
寸法に公差が示されないときは、一般公差が適用される
縮尺で、大きさをイメージできる

図 2.5.2 図面からの情報とは

わかりやすさがポイント、的確な情報提供

　板金部品の多くは、1枚の鉄板を折り曲げて作られている。実際の製品を見て触ることで、容易に製品の形（形状）は理解でき、さらに、大きさ（寸法）、板厚、材質なども理解できる。一方、3次元CADの描画は、基本的に2次元情報であり、奥行きなどは、作業者が自ら理解する必要がある。そのために、図面化するための工夫が必要である。

　魚のイラストを例に考える。一般的に魚と言われると、右側の絵を描く人が多いであろう。このように、必要最小限で、魚の形状を伝えることができる視点が重要である。

　一般的に、形状がよくわかるのは、3方向からの視点で三面図が使われる（6方向：前後・左右・上下）。

　これらの方向から視点は

・手前から見た＝＞正面図（しょうめんず）
・真上から見た＝＞平面図（へいめんず）
・右側から見た＝＞右側面図（みぎそくめんず）
・左側から見た＝＞左側面図（ひだりそくめんず）

となる。実際の6方向からの図面では、理解を混乱することになりやすいので、形状を理解できる必要最小限の視点のみで図面化する。このように配置すると、例えば正面図で既に描かれた寸法は、右側面図では同じ寸法を書く必要がない。実際の図面の多くは、右横、手前、真上からの3つから視点からの形状を図面と同じ配置をすることは「第三角法」と言われる手法で表す。

　さらに、図面には、
＊寸法（JIS一般公差は、個別には表記しない）
＊材料・板厚
＊曲げR

＊部品名称・縮尺

など記述されている。また、利用される線種にもそれぞれ役目がある（**図2.5.2**）。

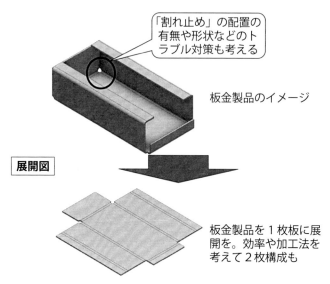

図 2.5.3　展開・断面・組立て図

板金部品を生産している現場では、多くの部品を使う。その際、必要である一品一葉の組み立てられる板金部品を図面化したものが「部品図」である。部品図は、加工するときに問題が起きないように十分な内容の図面にはなっているが、製作する部品が製品のどこに使われるのかまではわからない。そこで、活用されるのが「組立図」である。いくつかの部品があるので複雑そうだが、普通は組立て図と複数の部品図があるので、加工の現場ではわかりやすい部品図で加工し、組立て図は参考にする。組立て図がある方が形の理解や加工するときに役立つ。ただし、組立て図は、組立て図とは書いてないこともある。その場合、図面に①や②、③、④の部品番号が記入されている。

　組立て図と部品図はセットであるが、部品図がない場合は組立て図に詳細な寸法が記入されることになる。また、板金部品の内部が複雑な場合は、側面図や平面図の破線だけではわかりにくい内部の形状を示すために「断面図」を使う（図2.5.3）。

　表2.5.1に加工工程と使用する図面の関係を示す。

表2.5.1　加工と図面の関係

加工の工程	主に使用する図面
切断	部品図、展開図
曲げ	部品図、組立て図
溶接	部品図、組立て図

　さらに一般的には、図面の表題欄に、材料記号、仕上げ方法や表面処理、品名、品番、第三角法の記号が書かれている。

製品図とアレンジ図

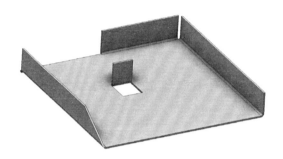

製品設計者がイメージした板金部品

加工方法やトラブルを考慮して検討を

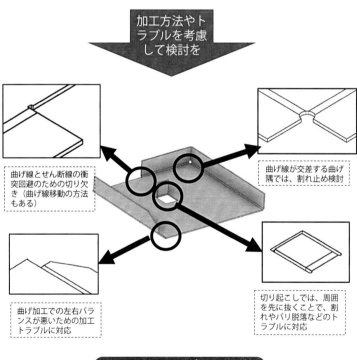

曲げ線とせん断線の衝突回避のための切り欠き（曲げ線移動の方法もある）

曲げ線が交差する曲げ隅では、割れ止め検討

曲げ加工での左右バランスが悪いための加工トラブルに対応

切り起こしでは、周囲を先に抜くことで、割れやバリ脱落などのトラブルに対応

図 2.5.4　アレンジ図の必要性

2枚の図面

　「モノづくり」を取り巻く環境変化から、板金加工、特に加工法の特徴を十分理解していない製品設計者が、製品機能を追求した設計を行っている。つまり、製品設計された板金部品そのままの形状を製作することが難しいことが多々ある。例えば、一般的には曲げ加工品の曲げ部外側に丸みがあるが、その形状に「R_0（ピン角）」が指示されるような事例である。

　そのため、製品設計者と製造関係者との間で打合せを行い、製作可能な形状に変更することが行われる。つまり、2枚の図面が存在することになる。板金部品設計者が最初に描く図面である「製品図」と、製品設計の際にできる図面と製作のために形状の一部を変更した図面である「アレンジ図」の2枚の図面である。これらから、板金特有の「展開図」へつながる。

　では、「製品図」から「アレンジ図」に変更するときのポイントを見てみよう。

　基本的な考え方は
　　「加工が難しいところ」⇒「加工された部分応力状態が影響し合う」
　　⇒「トラブルにつながる」である。

　図2.5.4の「切り起こし」部分は、シヤー角のような斜めの金型で抜き曲げるという工程で、ハサミの切断のようにせん断の終わりが不安的になる。さらに、せん断された個所を曲げることで、2つの加工状態が交わった個所にトラブルが発生する。せん断部分と曲げ部分の間に干渉帯を設けて、2つに応力状態の衝突を避けることである。

　このような、トラブルを予測した形状変更を、生産現場で勝手に行うことはルール違反になる。設計者と現場との打合せを重ねて、トラブル回避の方法から形状の見直しが行われることがある。このようなプロセスを通過して出来上がった図面が「アレンジ図」となる。

　この見直しは、加工技術の進歩を常に意識して行うことが大切である。「今難しい加工も、次回は容易な加工になるかもしれない」からである。

ポイント③

寸法公差

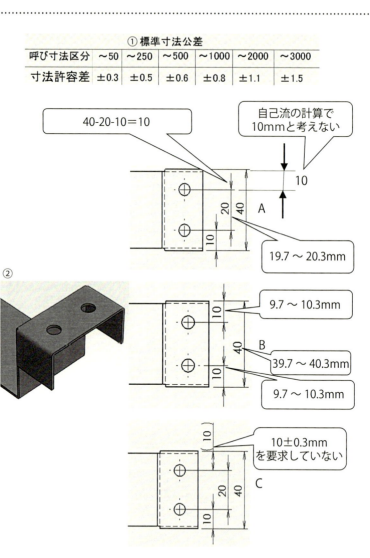

図 2.5.5 寸法記入の仕方と公差の違い

記入の仕方で異なる製品が

　「寸法公差」とは、図面の寸法に対しての許される誤差の範囲のことである。部品を加工する際、厳密には図面の寸法どおりに製作できない。なぜならば、加工の条件やそのときの気温や素材などの様々な要因により、実際の寸法はばらつくからである。製品において実用性に問題が出ないように寸法の「最大値」と「最小値」を決める必要がある。この実際の寸法の最大値と最小値の差が公差となる。この公差は、設計仕様でも利用される。つまり「INPUT」である。しかし、実際に加工を行うと、常に同じものを作ることは困難である。時には、公差を外れてしまうこともある。その公差からの外れや、全体的な寸法の傾向（大きい寸法が多いとか）を表現するものが「バラツキ」である。これは、INPUTに対応して「OUTPUT」と言える。

　機械製図のルールでは、標準的な寸法公差があるが、図面に書かれている標準寸法公差は、発注側が独自に作ることもある。図2.5.5①は、標準寸法公差の表を拡大したものである。例えば100mmの寸法なら、呼び寸法区分範囲50〜250の±0.5を使うので、95.5mmから100.5mmになるように加工する。

　図2.5.5②は、ある部品の一部である。この部品を作るための部品図で寸法の入れ方が違うAとBの2つの図を示す。左と右は結果的に同じような部品を作るが、加工時に寸法の書き方でどこが大切な寸法かを判断する必要がある。

　図2.5.5②Aの図面で穴の間隔が20mmとなっているので、連続する穴の間隔は20mmにしなければならないことがわかる。図2.5.5①の標準寸法公差の表を使った場合、20mmは19.7〜20.3mmの範囲でなければならない。

　図2.5.5②Bの穴間隔の寸法は書いていない。両端から10mm入ったところに穴をあける指示なので穴の間隔が重要ではない。よって、2つの穴の間隔は19.7〜20.3mmの範囲とはならない。40mmは39.7〜40.3mm、10mmは9.7〜10.3mmの範囲だから、もし、10mmが最小の9.7mmなら2つの穴の間隔は少なくとも0.6mm以上の誤差になる。さらに、10mmは曲げ加工した40mmの端からの寸法なので、40mmが最大値の40.3mmの場合0.6＋0.3mmとなり、穴の間隔は0.9mmの誤差でも許される。

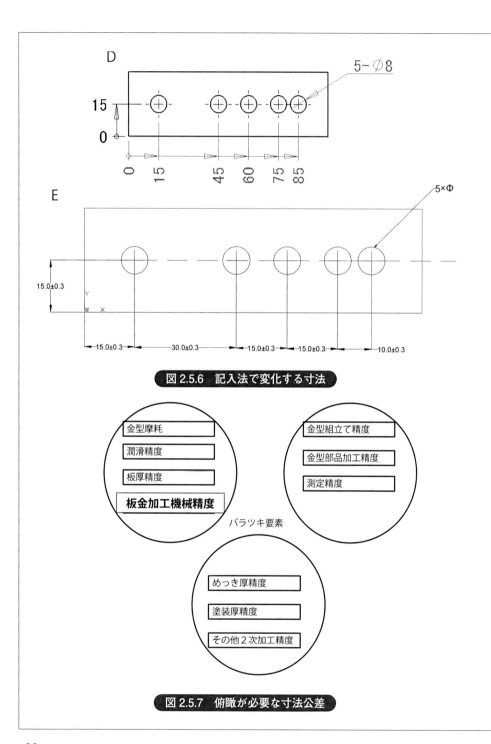

図2.5.5②A図面に従って加工するときに、図2.5.5②A図面を自己流の読みで40-20-10=10mmと簡単に端から寸法が計算できるために、図2.5.5②Bのように端から10mmの所に穴をあけると考えてはいけない。寸法公差がある場合は頭の中で余計な寸法を付けると加工しにくくなる。

　図2.5.5②Cは参考寸法の書き方である。10mmをカッコで囲んでいるので10±0.3mmは要求していない。参考寸法を書くかどうかは図面を書く側も迷うところだ。書くことによって前に書いたような間違いが起きやすいと考えるからである。書く側としては加工する人に「参考寸法＝図面には必要がない」と情報発信している。

　別の事例で考えてみよう。ある点から寸法を書く方法として**図2.5.6D**のような寸法の記入の仕方がある。左下の角が起点となって寸法が書いてある。この図面では、5つの穴あけされた位置は、どれも起点から「±0.3mm」の位置を保証するものである。

　しかしながら、図2.5.6Eでは、穴間の公差が記入されているので、最悪の場合、「±0.3mm」が5個分重複する可能性がある。つまり、右側の穴位置は、左面を基準にするならば「±1.5mm」の誤差が生まれることになる。

　では一体、どのような考え方で公差を設定するのであろう。ここでは、「±0.05mm」の寸法公差で考える。前述した「±1.5mm」の誤差は、製品ができるまでの過程で生まれた誤差の累積の限界範囲と考えることができる。各工程の誤差は、材料の板厚の誤差、せん断・曲げにおける加工の誤差、利用する板金機械の誤差（使用環なども含む）・測定器（測定）の誤差等々、多く存在する。では、板厚公差が「±0.05mm」の板金材料で製品の公差を「±0.05mm」と設定するとどうだろうか。これでは、加工工程では全く誤差の許されない加工を要求されることになる。これは、「加工現場泣かせ」ではないだろうか。製品設計する方々には、当然であるが製品のアイデアから量産までの「俯瞰」が大切である（**図2.5.7**）。

ポイント④

 基準の取り方

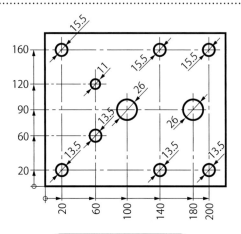

図 2.5.8　基準の取り方

【直交 2 辺基準】

【穴基準】

図 2.5.9　基準の取り方と寸法公差

製品の機能を考えて基準を

　機械などに組み込まれる板金部品には、ほとんどの場合において基準がある。この基準を利用して加工や組立てを行う。基準とする個所がある場合の寸法記入の際は、その個所を基準として設定することができる。

　また、図2.5.8のように基準とする個所を白丸（起点記号）で表記して、寸法線の他端を矢印で表す。この際の寸法値は、寸法補助線と並べて記入する。

　では、「基準」を設けることで、変化することは何であろう。

　例えば、図2.5.9Ⓐように、直交する2面を基準とするならば、穴位置寸法を含めて、必要な寸法は基準からの数値を記入する。また図2.5.9Ⓑのように穴を基準にする図面では、穴中心を通る中心から全ての寸法を記入する。寸法公差を全ての個所で±0.2mmとして比較するならば、

【直交2辺基準】

　2つの穴間寸法は、図2.5.9Ⓐでは、±0.4mmとなる。しかし外形寸法は、±0.2mmの公差を維持することができる。

【穴基準】

　2つの穴間寸法は、図2.5.9Ⓑでは、±0.2mmとなる。しかし外形寸法は、±0.4mmとなり、図2.5.9Ⓐと比較して、公差が2倍となる可能性がある。

　このように、寸法記入だけで、出来上がる寸法が大きく異なることがある。そのため、設計対象となる板金部品の機能を十分に検討して、寸法を記入することが重要である。

　さらに、横方向の寸法で、基準からの記入を同じ位置（部品の上側）に全て配置するのではなく、穴位置寸法と外形を表す寸法を上下に配置すると、見やすく・間違いが少ない読図を意識していることがわかる。

ポイント⑤

幾何公差も考える

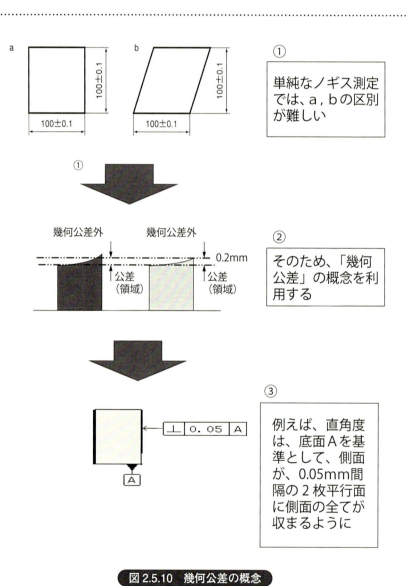

図 2.5.10 幾何公差の概念

寸法だけでは決まらない形状

　寸法記入だけの図面を見てノギスやマイクロメータを利用して測定をする際、本当にその形状を確認できるだろうか。例えば、板金材料の板厚をマイクロメータで測定しても、その面が凹凸の少ない平面であると言えない。板金材料の板厚測定は点で行っているようなものである。このことは、寸法測定が必ずしも必要な形状を保証するものではないことを表している。例えば、**図2.5.10**のような形状の部品で考えてみる。この形状をノギスで測定するならば、幅と高さは、ほぼ同じ測定値になる可能性がある。つまり、一般的な寸法測定では、aかbの区別は難しいのではないだろうか。

　そこで、図面には寸法公差だけではなく、形状精度を指定する「幾何公差」という概念が必要になるのである。

　図2.5.10③の例示は、直角度を記述する幾何公差例を示すもので、図面に指示された寸法に対し、加工物がどの範囲まで許容されるのかを取り決めたものである。幾何公差とは軸と軸穴の関係のようなはめあい公差とは違い、ある基準に対して平面度、直角度、真円度などを指示する公差のことである。

　その際、「どこから」必要な「形」や「位置」を狙うことが必要であるかを表すのが「基準面」である。これらは、製品の機能・品質の確保からも重要な事柄である。

　図2.5.11に示した平面度が必要とされる板金製品では、他の部品と接触する面に、「平面度」の幾何公差が記入されている。つまり、0.2mmの平行に置かれた面の中に、底面の全てが収まることが求められている。

　次に**図2.5.12**の事例は、板金製品と考えられる。据付け面（この面を基準面とする）に対してカバー上面は、平面の0.2mm離れた平面内に収める「平行度」が求められる。さらには、立ち上げ面は、Aという基準面（データムともいう）に対して0.2mmの幅の空間内に収まる「直角度」の必要がある。

　特に精度を要する部品の設計で、寸法公差だけでは十分に設計意図を表現できない際に「幾何公差」が利用される。

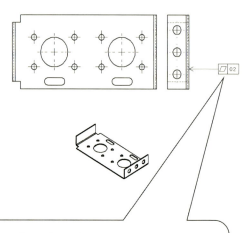

> 平面度を表す幾何公差である。
> この製品の底面のどこを測定しても、0.2mmの間隔の面の内側に収まっていることが要求される

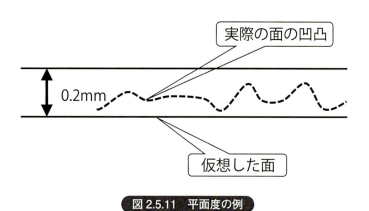

図 2.5.11　平面度の例

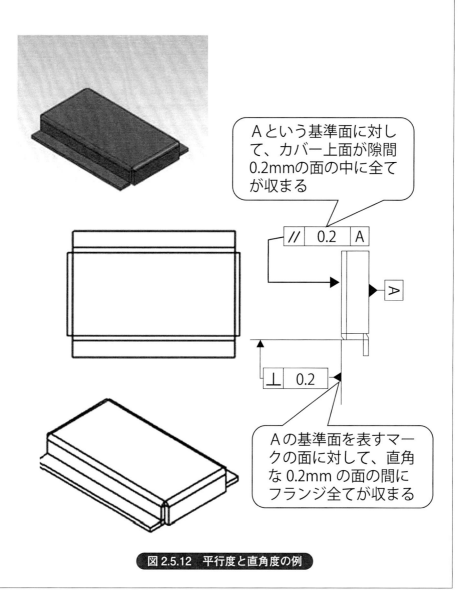

図 2.5.12　平行度と直角度の例

第3章

板金加工を考慮した板金部品設計の要点

1　加工のノウハウと原理・原則

　「板金設計ができても、加工ができない」という笑い話のようなことは、意外と散見される。「こんな加工はできないから、設計変更が必要だ」と生産現場からいわれた際、「ノウハウを有する現場が言うのだからできないのだろう」と安易に納得して変更に応じることもあるのではないだろうか。そもそも、「ノウハウ」と言っても、特別な加工ではなく、基本の組み合わせを、通常とは異なった視点やアプローチで行うことで可能にしている加工法である。

　例えば板金加工では、「割れ止め」という手法を利用する。まず、「割れ止め」とは、2辺が接する曲げで、接する部分に割れが発生することに対する対策として曲げ線の交差部分に穴をあけることである（**図3.1.1**）。当然であるが、この対策に関しては理由がある。その理由を理解することが大切である。「2辺が接する曲げ個所には、割れ止め」という結果だけで設計することで、結果として、余計な工程を追加することになり、本来の効果が得られないことが起こり得る。

　なぜこのようなことが起こるのか。それは、設計基準が決められる根拠の理解が十分でないことが、一因でもある。**図3.1.2**のように、技術は進化とともに多層化している。しかし、高い位置にのみ注視してはならない。日々の生活をする人々の多くが、技術の世界を支えている。つまり、一段高い位置に押し上げた「技術」も、原始からの人の営みを考えるならば、どのような技術でも「身近な世界」と土台は同じではないだろうか。最上層の技術を利用する際に、その技術を支える下位層を十分理解する必要がある。新たな材料を含め、周辺技術の進化に合わせて設計や加工を見直すことで、「ノウハウ」を作り上げることができる

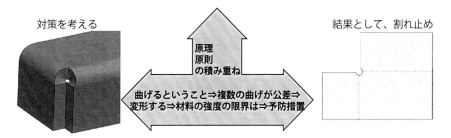

図 3.1.1 「割れ止め」にみる技術原理原則の重要性

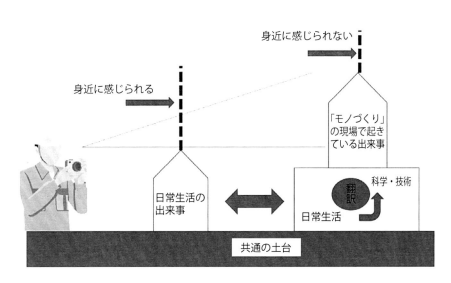

図 3.1.2 技術の階層化

ポイント①

曲げ高さを小さくすることができない

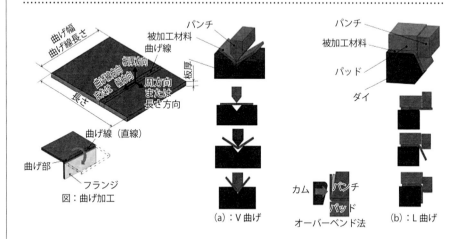

図3.1.3 V曲げとL曲げ

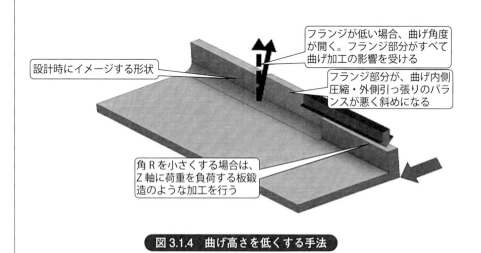

図3.1.4 曲げ高さを低くする手法

フランジ部の最小高さ

　板金部品での「曲げ加工」において、フランジ部の高さが板金設計で問題とされることがある。例えば、立ち上がりが少ない個所の曲げ加工や、通常の曲げ加工において曲げRができることで、フランジの立ち上がりができずトラブルになることがある。現象としては、
　①曲げ角度（90度）が開く
　②フランジ縁が変形する
　③フランジ部分の板厚が薄くなる
　が表れる。これらに対して、一般的な曲げ加工の最小高さ（h_f）は、曲げ部分の内Rをrとしたとき、

$$h_f \geq (2t + r)$$

（例えば、板金材料1mmで曲げ半径rが0.2mmとするならば、2×1mm + 0.2mm = 2.2mm以上のフランジ高さが必要）

となる。この最小高さの加工には、一般的には図3.1.3のL曲げ加工の方法が利用される。また、フランジ部分の変形や板厚減少に関しては、板厚方向を積極的に加工する「板鍛造」の手法を利用する理由を考えてみよう（図3.1.4）。
　通常のプレスブレーキを利用した曲げ加工で、「ダイV溝幅は、板厚の8倍」という原則を適用するならば、板厚1mm板金材料の曲げでは、8mmのダイV溝幅となる。さらに、曲げ加工終了まで、板材がダイの肩に乗っていないと加工できない。つまり、図3.1.5に示すダイの8（mm）×0.7 = 5.6mmがB寸法となり、計算上の最小フランジ寸法になる。しかし、この寸法では、フランジ端部がダイ肩から離脱して、ダイのV溝内に流れ込み加工が難しい。そのため、曲げ加工終盤まで離脱しないB寸法以上が必要となる。

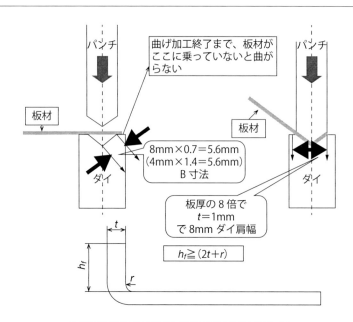

図 3.1.5 幾何学的な V 曲げ最小曲げ高さ

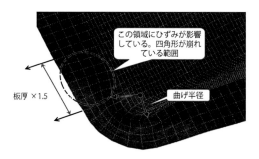

図 3.1.6 CAE での V 曲げ解析

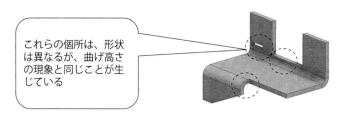

図 3.1.7 曲げ高さと同じトラブル現象

最小フランジ高さは、曲げ加工時にトラブルになる個所とつながる部分がある。基本的には、曲げ加工により加工部分が変形するが、その変形の影響力が及ばないところにフランジの垂直部分があることが必要である。数値解析（CAE）を行うと（**図3.1.6**）、

$$h_f \geq (2t + r)$$

の2倍の板厚プラス曲げ半径離れた部分では、ほとんど変形（ひずみ）の影響が少ない。このことは、フランジ端部の変形にも影響する。

　また、「割れ止め」とは異なるが、フランジ部分の一部が低い部分が、上記の限界以下ならば、その部分だけでなく、十分なフランジ高さを有する部分との境界付近にトラブルが考えられる。これは、高い部分と低い部分が同じタイミングで曲げ加工が行われないために、高い部分と低い部分の垂直度に差異が生じていて、低い部分が十分な角度を維持できない。その結果として双方のアンバランスが生じて影響が考えられる。

　このような場合は、従来の原則よりも

$$h_f \geq (4t + r)$$

として、より安定したフランジを設計することが必要である。

　フランジ部分の穴あけ状態もこれと同じ現象だと考えられる（**図3.1.7**）。ただし、この場合は穴を周囲から拘束しているので、一番拘束が弱くなる部分が変形する。そのため、難しいが曲げ加工後での穴あけが考えられる。

　また、板金製品の縁を曲げることで、強度対策を考えるならば、より低いフランジも可能である。この場合でも、フランジ高さを必要とする

$$h_f \geq (2t)$$

を目安にすることもある。この場合は、標準の原則から曲げ半径rを取り除いて限界とする。つまり、板金材料の伸びにも依存するが、曲げ半径rをより小さくする必要があることは理解できるであろう。

ポイント②

❓ ヘミング曲げとは

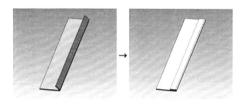

つぶし工程荷重＝1とする

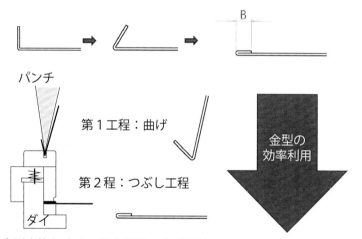

パンチ

第1工程：曲げ

第2程：つぶし工程

ダイ

金型交換なく2工程を行うことが可能

金型の効率利用

R形状を残す工程荷重＝0.4となる

*端面（縁部）の強度アップ
*端面への身体の一部が接触の際に、「バリ」
　での「けが」から、守る（安全確保）

図 3.1.8　金型の効率利用のヘミング

効率的な金型と加工を考える

　板金部品設計をする際、「私は、設計する人」だから加工はわからない、という姿勢では効率的な加工ができない。それが納期やコストにも影響を及ぼすと考えられる。

　加工を意識した設計や、新たな加工法を加工現場とともに考えながら設計をすることが、現在、モノづくりの現場に必要とされる「付加価値化・差別化」である。

　例えば、板金加工で、板端部の強度強化やバリなどによるけが防止の安全性のために、ヘミングが行われる。このヘミングの加工法は、図3.1.8のように鋭角曲げを行った後につぶし工程を行う2工程加工である。実際に、プレスブレーキを利用してヘミング加工を行う際は、1工程と2工程を別々の金型で行う様式と、同じ金型で1，2工程を行う様式がある。当然であるが、後者の1つ金型で加工を行うことは、金型交換、調整に関わる時間短縮となる。しかしながら、全てのヘミング加工にこの1金型で2工程加工が難しい理由を確認しておくと、効率的設計ができる。

　2工程1金型は、ダイの移動にばね力利用などにより大きな加工力に対しては構造上難しいことが想像できるであろう。一般的には、SPCC材で板厚1.6mmが限界である。つまり、2mmのヘミング曲げでは、曲げ工程とつぶし工程の別々の金型を使った加工となる。

　さらに、ヘミングの完成形状にも考慮が必要である。バリなどからのけがに対する安全上では、ヘミング端部が大きなR形状でも可能である。しかし、寸法などの関係から、ヘミング端部の板厚がヘミングした後に大きな力でヘミング部分に隙間ない状態の板厚の2倍を設定することがある。この場合、つぶしに関わる必要荷重は、丸みを許容するヘミングに比較して、2倍以上のつぶし荷重を必要とされる。そのため、金型の強度やプレスブレーキの強度を十分考慮した上で「ヘミング端部の指示」が必要とされる。

2　せん断加工法の検討と設計への応用

　板金加工での「せん断」のトラブルも多くある。設計する側とすれば、単純に切断するだけと思うであろうが、「せん断」も板金機械＋被加工材＋金型による加工であるので、加工の原理を基盤として、トラブル事例も理解していく必要があるのではないだろうか。

　せん断を「ハサミ」でイメージするならば、「ハサミ」で紙を切る（切断する）際に、無意識のうちに切る紙の厚さを考えて「ハサミの刃」のかみあいの隙間を微妙に調整していることに気付いている。さらに、「ハサミ」の寸法よりも大きな切断を行っている。また、せん断する力のせん断における「大変さ」を考えてみると

　＊切る長さが長い

　＊切る厚さが厚い

　＊切る材料が硬い

の3つの要素になる（**図3.2.1**）。つまり、この3つの要素を掛け合わせたのが「せん断に必要な力」である。逆に、「せん断に必要な力」を小さくするのは、この3要素のどれかを減少させることになる。

　「せん断に必要な力」を小さくすることに対して、分割するという考え方が「ハサミ」による大きなもののせん断からイメージできる。つまり、小さい力で時間を掛けてせん断することである。まさしく、

　仕事量＝力×距離

　（せん断ではせん断仕事量＝せん断荷重×パンチストローク）

　仕事率＝仕事量／時間

から、仕事量に時間を掛けることで、時間単位の仕事率を低減できる。

　例えば、直径100mm、厚さ1mmのSPCCをせん断するには、10トン必要であるが、時間を掛けて切るという行為が金切ハサミでの切断を可能にすることができる（**図3.2.2**）。

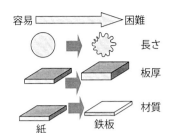

図 3.2.1　せん断荷重の考え方

せん断面積 × せん断抵抗 ＝ (300(mm) × π) × 1(mm) × 300(N/mm^2)
　＝ 282600(N)
　＝ 282.6(kN)
　＝ 28ton ＝ せん断荷重

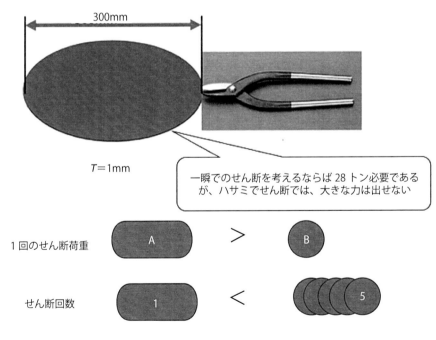

図 3.2.2　「ハサミ」でのせん断荷重とは

ポイント①

せん断荷重とは?板金機械との関係は?

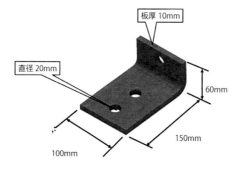

穴あけ荷重計算:せん断長さ × 板厚 × せん断抵抗
20mm(直径)×3.14×25(せん断抵抗 N/mm²)×10(板厚) ＝157,000(N)≒15.7 トン

図 3.2.3　せん断荷重の実際

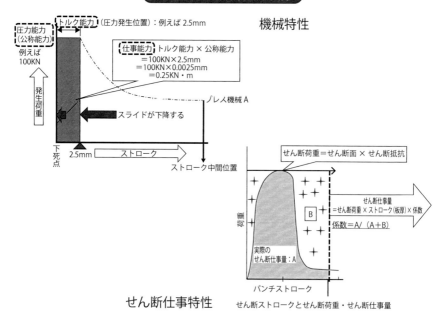

図 3.2.4　せん断における仕事量とプレス(板金)機械特性

せん断荷重と仕事量を計算する

せん断荷重の計算を実際のせん断に対応させると（**図3.2.3**）

$P = A \times S = L \times t \times S = L \times t \times \sigma \times 0.8$

　　P：せん断荷重　　　　　　L：被加工材のせん断長さ
　　S：被加工材のせん断抵抗　t：被加工材の板厚
　　A：被加工材のせん断される面積　$= L \times t$
　　σ：引張強さ

となる。つまり

　被加工材のせん断加工必要な荷重
= 被加工材を変形（せん断）させようとする面積
　　× 　被加工材の変形に対する抵抗力
= 被加工材を変形（せん断）させようとする面積
　　× 　被加工材の引張強さ　×0.8

である。せん断抵抗は、一般的にデータ入手が困難であるため、引張強さの0.8倍を利用することが可能である。

　製品は、タレットパンチプレスで穴あけ・外周せん断の後にプレスブレーキ曲げ加工と考えるかもしれない。しかし、タレットパンチプレスでの板厚10mmの打ち抜きは、荷重やクランク機構のタレットパンチプレスでは、下死点上10mmでの最大荷重発生が難しいなどの理由でこの方法は採用できない。しかし、穴抜き加工をプレス機械にするならば、可能となる。このことは、タレットパンチプレス（機械式）のトルク能力や仕事能力を考慮しなければならないことでもある。仕事能力は、**図3.2.4**の仕事量よりも大きな値でなければならない。

　その仕事量は、簡単に、かなり余裕ある値にはなるが「せん断荷重×板厚」で計算された値を利用することでもよい（通常は、係数が0.7程度）。

　せん断加工での加工力は、金型や板金機械に影響するためせん断荷重の算出方法を理解することは重要である。

せん断形状と加工法

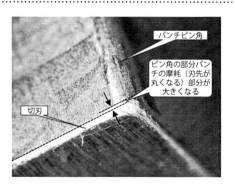

図 3.2.5　ピン角の摩耗

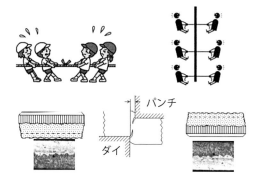

図 3.2.6　直線におけるせん断

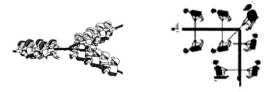

図 3.2.7　鋭角（90度）部せん断と綱引きイメージ

せん断形状でもトラブルになる

　板金部品設計で丸や矩形の穴あけを必要とする個所は多数ある。これらの形状もせん断加工が行われる。簡単に見えるせん断加工においても、多くのトラブルが発生する。その原因の1つを、加工現場からの「ピン角は、避けてほしいな。」という言葉から考えてみよう。『ピン角（「ぴんかど」は現場で使われる用語で、先端が尖っている角の状態）のパンチは、摩耗が早い』と多くの技術者が認識している。せん断の出来栄えが異なることは、金型の寿命にも影響することも事実である（図3.2.5）。

　では、「せん断加工」と一言で言っても、せん断される場所の形状により、その出来栄えが異なることをどのようにイメージすれば、理解が容易であるか考えてみる。

　「せん断」される位置を境にして、綱引きをイメージして考えてみる。「せん断」の説明に利用する直線状でも、引張る力が働いていることが理解できる（図3.2.6）。

　例えば、直線のせん断では、せん断分離される双方に同じ人数での「綱引き」が行われている。このような状態では、双方のせん断された断面性状は、同じような状況になる。これは、まさしく「バランス」が取れていて、左右同じ力で引張られている状態と考えることができる。せん断が完了した製品とスクラップを観察するならば、ほぼ、同じような「せん断面」が作られている状態を見ることができる（図3.2.6）。

　では、角の部分を「綱引き」でイメージするならば、一見して理解できるように、明らかに「バランス」が悪く、片方に引き込まれることが容易に想像できるであろう（図3.2.7）。

　せん断が完了した製品とスクラップを観察すると、製品側はせん断面が多く、スクラップ側は、大きな「だれ」が発生していることがわかる。ここでは、製品が抜き落とされる（ダイ穴を通過して金型下部に落ちるものが製品）。

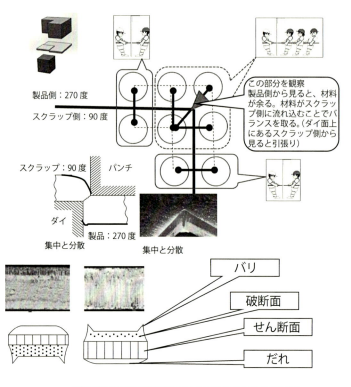

図 3.2.8 角（90 度）を持つ製品のせん断

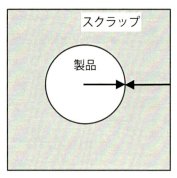

製品とスクラップの間での「綱引き」は
同じバランス

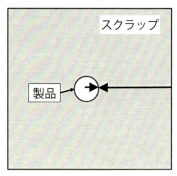

製品とスクラップの間での「綱引き」は
アンバランス

図 3.2.9 穴径とスクラップの関係

【製品角度が180度以上の場合】

このような状態での製品側の角が鈍角である状態を、綱引きとバランスで詳細にイメージしてみよう。綱引きを行う人数を考えるならば、

＊スクラップ側1対製品側3

となる。明らかに引張力が大きい製品側がスクラップ側より多くの材料があり余裕があるので、バランスを取るようにスクラップ側へ材料が流れる。そのため、あまり大きな引張力が発生しない。

＊製品側から見ると：材料が引き込まれない

＊スクラップ側から見ると：材料をたくさん引き込むことができる

つまり、製品側から供給するイメージである（図3.2.8）。

直線状のせん断では、クリアランスの違いでせん断される破面には同じ傾向が見られる。しかしながら、鋭角や鈍角でのせん断では、明らかに異なる破面が見られる。これは、せん断された面の出来栄えを「クリアランス」の大小だけでは、説明できないためである。

ここでの「キーワード」は、「バランス」である。前に説明したように、「製品」と「スクラップ」のそれぞれの面積バランスが大きく影響されることが理解できる。

穴あけのせん断では（図3.2.9）、

【穴径が小さい場合は】

「製品（ここでは抜かれた円形ブランク）」と「スクラップ（穴のあいた平板）」の面積の割合に大きな差異がある。そのため、双方のせん断面の状態が大きく異なる。

【穴径が大きい場合は】

「製品（ここでは抜かれた円形ブランク）」と「スクラップ（穴のあいた平板）」の面積の割合は小さい。直線と同じようなせん断となる。

同じ穴あけ（円形ブランク作成）でも、その状況に応じてせん断現象が異なる」ということが言えるし、それが実際に生じる現象である。

ポイント③

シヤー角の効果は

仕事は時間をかけて負荷低減

$$仕事率 = \frac{仕事量(力 \times 移動距離)}{加工に要した時間}$$

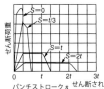

＊同じ仕事量でも、移動距離が長くなれば、力は少なくても加工できる。
＊同じ仕事量でも、加工時間が長ければ、仕事の割合が小さく、加工する機械をコンパクトにすることも可能。

図 3.2.10　シヤリングの利点

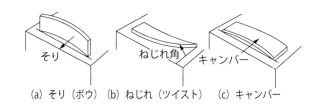

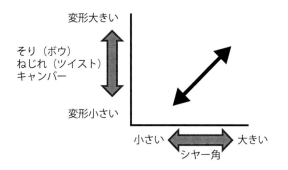

図 3.2.11　シヤリングの欠点

シヤリングの利点・欠点

　板厚1mmで切断幅100mmの鋼板（冷間圧延鋼板　引張強さ300N/mm）をせん断するには2.5トン（24,000N＝24KN）が必要とされる。板金加工において、通常では動力で切断するシヤリング（せん断機械）で切断する。

　しかし、人力の「ハサミ」による切断や足踏みシヤーでも切断することも可能である。では、なぜ「2.5トンものせん断荷重が必要なせん断を、人力で加工できるだろうか」。

　これについては、加工のための仕事を時間当たりで考えた「仕事率（単位時間（1秒間）当たりにする仕事の割合）」で考えることで理解できる。つまり、「ハサミ」での切断のように、少しずつ切断を行うことで最高せん断荷重を減少させることが可能になる。この原理は、「シヤー角」の利用にも当てはまる。板金材料をせん断する際一度に上型（せん断の刃）の接する長さはシヤー角で規定されるので、切断する板幅は要因（パラメータ）として考慮させていない。つまり、求められたシヤー角を考慮したせん断荷重が、せん断が行われている間（せん断始めから終わりまで）に必要とされる（図3.2.10）。

　この原則を利用したのが、直線せん断機で下降する刃が斜めに切断を進めるために、少ない荷重でのせん断が可能になる。これは、加工に「時間」の概念を導入したもので「シヤリング」と呼ばれている。

　シヤリングの能力とは、

　　最大板厚・・・・・・・引張強さ：420N／mm^2の鋼材を基準
　　最大せん断長さ・・・・例えば1,000mm

で評価される。シヤリングは荷重軽減を実現することができるが、せん断される材料が変形することがある。それらは、「そり」「ねじれ」「キャンパー」と言われている（図3.2.11）。シヤー角が大きいほど変形が大きくなる。特に幅に狭い長尺材に生じる。設計段階でも、考慮の必要なポイントである。

　また、「せん断長さ」は、ギャップシヤーとスケヤシヤーにより異なる。つまり、「送り切り」が可能なギャップシヤーは、「せん断可能長さ（1ストローク）」は、切刃長さより若干短くなる。

ポイント④

加工硬化の利点・欠点

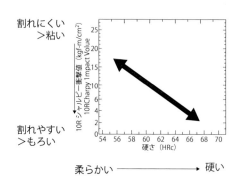

図 3.2.12　加工硬化ともろさ

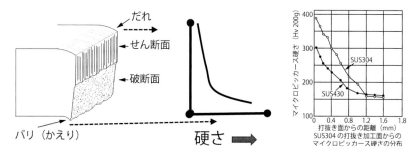

図 3.2.13　切り口面での硬さ分布

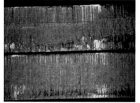

低速せん断
　：せん断面の割合小さい

高速せん断
　：せん断面の割合大きい

AL5052 t=2mm

図 3.2.14　せん断速度と切り口面状態

加工硬化を取り去る・減らす・利用する

　せん断加工が行われるということは、せん断加工のエネルギーが投入されることでもある。つまり、せん断切り口面は、「加工を進めると板金材料が硬くなるという加工硬化」により硬さが増加する。このことは、板金製品の強度を向上させる利点となる部分もあるが、当然、欠点にもなり得る。その欠点の1つとして「もろくなる」、すなわち疲労強度の低下がある（図3.2.12）。

　切り口面では、せん断のだれ部分から加工硬化を生じて、バリ（かえり）部分が最も加工硬化が増加する個所である。このことは、板金製品の外観を重視する部品では、部品同士の接触により互いに傷を付けることも考えられる。そのため、設計側と生産側双方が、板金部品の並べ方や重ね合わせなどの方法をはじめとする取り扱いについて協議しておくことも重要なことである。

　では、加工硬化の範囲はどの程度であろうか。一般的には、切り口面から板厚の10％程度である。また、加工硬化は、せん断面よりも破断面の方が著しい（図3.2.13）。これらに対して、この加工硬化部分を取り除くように切り口面を切削するようなシェービングを行うことも考えられる。しかし、工程を増加することになる。

　また、意外とトラブルの際に忘れられるポイントとして、せん断速度の影響も考えられる。傾向としては、せん断速度が高速となると、せん断の際のひずみがパンチ切刃（クリアランス部分）に集中するので、局所的な加工硬化の上昇が認められる（図3.2.14）。さらに、切り口面の状態は、多少ではあるが、高速せん断がせん断面を占める割合が大きくなる（ただし、材料特性にも依存する）。

　このため、プレス加工では、サーボプレスの速度制御を利用することは、効果的でもある。

　一方で、全く逆の「低速」にも利点がある。「高速」では、加工による発熱が、製品や金型に悪い影響を及ぼすが、「低速」では、加工途中で発熱は、金型を通して外部に逃げるので、金型、製品への影響は少ない。

ポイント⑤

❓ レーザ加工とは

表 3.2.1 レーザ加工機と NCT の比較

	メリット	デメリット
タレパン	ランニングコストが低い	イニシャルコストが高い（金型費が必要）自由曲線などのニブリングを行うと、つなぎ目や凹凸が生じる
レーザ	イニシャルコストが低い（金型不要）	ランニングコストが高い（レーザーガス、アシストガスなどが必要）
レーザ・タレットパンチプレス	板金材料を付け換えることなく加工を行うことができるので、精度が良い	加工効率が悪い（レーザ加工時は、タレットパンチ機能は停止）

図 3.2.15 レーザ加工機（アマダ HP より）

レーザ加工を知ろう

　大きな切板（俗にメータ板・サブロクなど）の板金材料で自由形状の切断を行う手段としては、

＊タレットパンチプレス
＊レーザ加工機（**図**3.2.15）
＊レーザ・タレットパンチ複合機

が挙げられる。いずれも基本的な動きは、タレットパンチプレスと同じである。つまり、パンチングのパンチ・ダイがセットされる場所に、金型またはレーザを配置して数値制御で移動する材料に穴あけ加工する構造である。

　レーザ加工機は、高エネルギーで小さな領域を照射して「切断」を行う、つまり高熱による溶断加工である。板金材料は局部的に高温となり、ひずみが発生する。このことは、全ての加工においてレーザ加工が優れていることを示しているのではない。コストや精度を十分に検討する必要がある（**表**3.2.1）。

　例えば、端面形状や加工形状によりタレットパンチプレスで加工可能な領域を、ランニングコストの低いタレットパンチプレス加工に変えることで、その製品の加工費を確実に低下することができる。また、真円度を出すためにリーマなどの後加工が必要な製品において、穴加工をパンチ・ダイで加工することで加工費の低下が可能となる。これは、レーザ加工の際に、溶融金属が十分にアシストガスなどで除去されずに残る（ドロス）などにより、穴あけ精度に問題があるために必要となっていたリーマ工程を省略できるからである。

　レーザ・タレットパンチ複合機は、タレットパンチプレスとレーザ加工機のそれぞれの利点を十分に活用できる加工機である。ただし、優位点ばかりではない。レーザ・タレットパンチ複合加工機は、タレットパンチプレスの加工中はレーザが止まっており、レーザの加工中はタレットパンチプレスが止まっている。レーザ・タレットパンチ複合加工機が、レーザ50%・タレットパンチプレス50%で稼働すると考えると、タレットパンチプレス機械単独での加工と比較して、時間当たりの加工量は50%となる。このように、加工精度だけでなく、生産効率（稼働率）などを比較して、最適な選択をする必要がある。

3　曲げ加工法の検討と設計への応用

　加工現場で曲げ加工を見ると、曲げに必要な寸法はバックゲージとともにプログラムされているため、非常に簡単に任意の形状が加工できると思うだろう。しかし曲げ加工は、自ら行うことで、その難しさが実感できる。板金部品を設計する側は、その難しさを理解して、設計や加工現場との新たな、より効率的な加工法構築を日々行うことが求められている。

　具体的な事例で考えてみよう。V曲げ加工とL曲げ加工は、出来上がった製品を見るとわからないかもしれない。しかし、加工プロセスを確認すると、多くの差異が認められる。

①変形領域が異なる

　図3.3.1からも明らかなように、曲げ加工品の断面を見るならば、V曲げ加工は左右対称の変形領域となる。また、荷重が常に同じ場所を押し続ける。つまり、変形の大半がパンチ先端に接触する部分である。

　それに反して、L曲げ加工は、板押さえされた部分はほとんど変形なく、パンチが接触する部分が変形する。つまり、曲げ断面の左右非対称の変形領域となる。さらに、パンチの移動に対して、被加工材は固定されているのでパンチの接触は常に異なる個所になる。つまり、板押さえの下の被加工材では変形が少なく、パンチが接触してできるフランジ部分で変形が起きて曲げ加工が行われている。これは、加工による「加工硬化」・「曲げ半径」が僅かであるが左右異なることになる。

②材料特性

　加工現場で言われる「ロットごとの板厚変化」も大きな要因である。この
バラツキを押さえることは難しい。そのため、受け入れる側が、板厚のグレード分けとそれに対応した加工条件を構築することで、加工を安定させることが考えられる。

③加工様式の選択

　①、②を考慮するならば、必然として、板金設計では、形状だけでく加工法も考慮する必要がある。

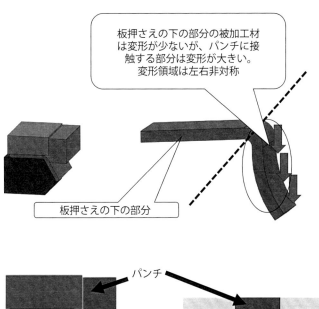

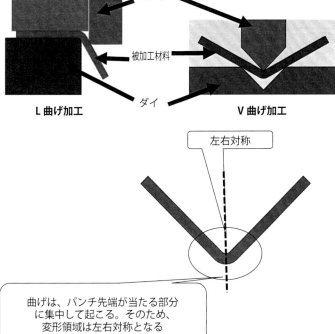

図 3.3.1 V 曲げ加工と L 曲げ加工

ポイント①

曲げ荷重と機械を考慮

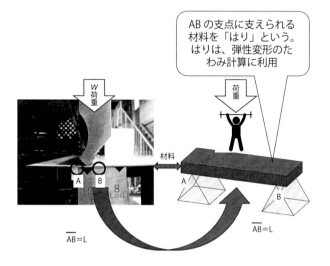

図 3.3.2 曲げ加工と「はり」の関係

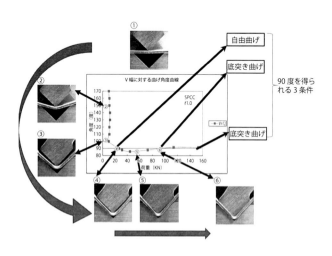

図 3.3.3 曲げ加工の3つのポイント

たわみから曲げ荷重計算するための基礎知識

　板金部品設計段階で加工機械を考慮することも重要である。自社内工場で加工を行うか、部品ごとに委託工場などでの加工を行うかにより、納期やコストに影響する。曲げ加工機械の効率的な選択をするためにも、設計段階で曲げ加工機械仕様を確認し、概略の曲げ加工荷重計算を理解することが重要である。

　荷重計算に利用される計算式は、「材料力学」で学んだ、「はり」の曲げ加工力の計算式が土台になっている（**図3.3.2**）。

$$P\,(曲げ力) = C\,(係数) \times \frac{\sigma_B\,(引張強さ) \times b\,(板幅) \times t^2\,(板厚2乗)}{L\,(ダイ肩幅)}$$

引張強さは、材料により異なる。

自由曲げでは
C（係数）

$C = 1 + \dfrac{4 \times t}{L}$ と考えられる。

例えば L（ダイ肩幅）= $8 \times t$（板厚）

ならば、$C = 1 + \dfrac{4 \times t}{8 \times t} = 1.5$

ボトミング＝C：5 程度
コイニング＝C：10 程度

　計算式を眺めて式を暗記するのではなく、「計算式の意味するイメージを捉える」ことが重要である。これらの式で、変化するものと一定であるものがある。Cは係数で一定（または、条件により異なる）である。それ以外の数値は
　引張強さ・板幅・板厚・・・・材料特性、寸法
　ダイ肩幅・・・・・・・・・・金型寸法
に分けられる。つまり、式で定数以外は、加工良否を左右する条件と考えることができる。逆に言うならば、「トラブル発生」に際しては、これらの要因を最初に確認することが重要である。荷重条件の中の定数Cは、
A）　自由曲げ　　B）　ボトミング（底突き曲げ）C）　コイニング（矯正曲げ）

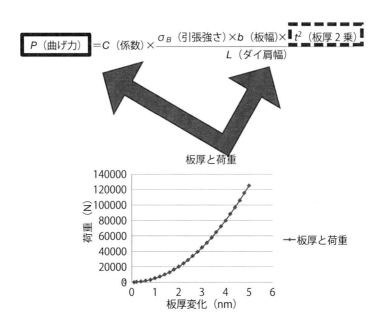

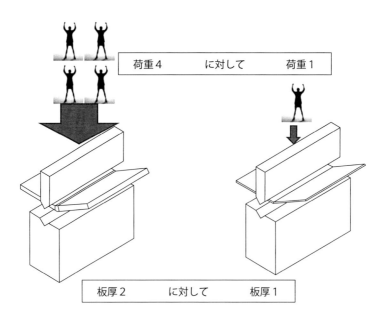

図 3.3.4　曲げ荷重と板厚の関係式・グラフとイメージ

の3つの条件（**図**3.3.3）でそれぞれに適応した係数である。

　Cの係数以外の要因について、曲げ加工力にどのように関係しているかを確認する。

1) L（ダイ肩幅）と材料特性（「引張強さ」・「板厚」）を一定とするならば、板幅が大きくなれば、比例関係で曲げ力が増加する。
2) 材料特性（「引張強さ」・「板厚」・「板幅」）が一定ならば、ダイ肩幅Lが大きくなれば、曲げ力が反比例関係で減少する。
3) 金型形状（ダイ肩幅）が一定で、「引張強さ」と「板幅」が同じならば、「板厚」と「曲げ力」は2乗の比例関係で、板厚が増加すると急激に「曲げ力」が増加する。

　この関係から、注意するポイントが見える。

A) 曲げ荷重が板厚変化とともに急上昇（2乗で増加）することである。このことは、1mm板厚の材料曲げで5トンを必要とするならば、2mmでは、10トンではなく、25トン（$5^2 = 25$）である。加工機械の選択に必要な考慮すべきポイントである。つまり、利用する関係式で2乗（3乗なども）の項目には注意が必要不可欠である（**図**3.3.4）。
B) ダイ肩幅Lが大きくなれば、曲げ荷重が減少することも、計算式から理解できる。プレスブレーキの加工能力が不足するからといって、ダイ肩幅を大きくして対応することが好ましいことではない。板金材料の板厚とダイ肩幅は計算され準備されている。そのため、単純に曲げ荷重減少とならず、曲げ半径などの製品精度に悪い影響が及ぶと考えられる。

　一方、生産現場においても、注意すべき点や設計側への注文などは、これらにトラブルへの対応策でもある。具体的には、板金作業で、金型交換を指示どおり行わずに、曲げ加工を行うならば、必要な荷重を得ることができず、プレスブレーキだけでなく、金型の破損などを誘発することも考えられる。つまり、日々の作業指示書の意味を十分に理解するためにも、計算式のイメージを取り組み・理解することが重要である。

ポイント②

加工法を選択

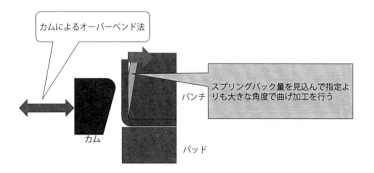

図3.3.5 カムによるオーバーベント法

↓

タンジェントベンダはチャンネル材やコの形材などの曲げを行う機械で、型に材料を巻き付け曲げ変形様式にて曲げを行う

図3.3.6 タンジェントベンダ（フォールディング曲げ）

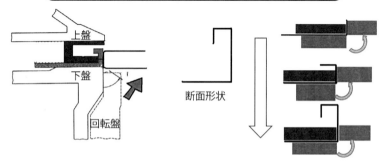

参考：手動の万能折り曲げ機

たくさんある曲げ加工法の特徴を理解

　代表的な曲げ加工には、V曲げ加工とL曲げ加工がある。これらは、多用な組み合わせの金型を利用する汎用性のV曲げ加工と、自動化で大型パネル曲げ加工に向いているL曲げ加工に区分されている。板金設計を行う側にとっては、汎用化・自動化とともに、加工で出来上がる製品の品質も重要である。まさしく、QDCを判断材料として加工法を選択するのであるから、Q（品質）を担保する板金部品の出来上がり状態（トラブル）を把握する必要がある。

＜スプリングバック＞

　V曲げ加工では、製品断面で左右対称の応力状態となり、スプリングバックも同様に左右対称になる。しかしながら、左右非対称の曲げ加工では、被加工材の重量により左右で異なることがある。これらの対策として、余分（90度の直角曲げよりも多めの88度）に曲げるスプリングバックを見込むこと（オーバーベンド法）により製品を作ることである。

　L曲げでは、板金加工では、V曲げ加工と異なり、板押さえで被加工材を押さえて加工するために、金型が離れた段階でスプリングバックが生じ、さらに板押さえが離れた段階で角度を閉じる方向にスプリングバックが働き、結果として角度を閉じるような状態となる（この現象を、スプリングゴーともいう）。

　板金加工でのL曲げ加工では、オーバーベンド法（図3.3.5）は、カム機構などを利用しなければならないことから、金型の構造が複雑で難しくなるので、フォールディング曲げ（巻き付け曲げ）が利用されている（図3.3.6）。

＜そり＞

　長尺のV曲げ加工で問題となるのは「そり」である。このそりには「鞍そり」と「船そり」の2種類がある。「鞍そり」は、曲げ加工を行うと曲げ部の外側では周方向に引張られるので板幅方向に縮み、曲げ部の内側では周方向に圧縮されるので板幅方向に広がろうとする。その影響で曲げ部が板幅方向にそってしまう。曲げ加工による圧縮・引張応力が曲げ線方向に影響することで「そり」が生じる。特に板厚に対して板幅が狭い場合（幅が板厚の8倍以下の場合）には、製品が馬の鞍のような形状になる。板厚に対して板幅が長い場合

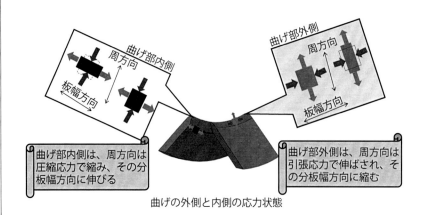

加工に依存する「鞍そり」

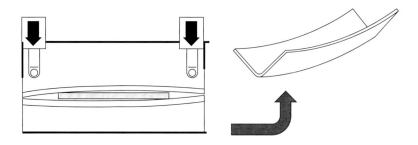

機械剛性による「舟そり」

図 3.3.7　そりの原因と形状

は、端から板厚の4～5倍の距離の部分にそりが発生する（図3.3.7）。

「船そり」は、曲げ加工機械の剛性が低いことが大きく影響する。

さらに、最近のブランク材をレーザなどで切断する方法が利用されると、この前段の加工が大きくそりに影響する。レーザなどの熱などの高エネルギーで、切断された部分に大きな残留応力が蓄積される。その残留応力が、解放される方向に働く。これにより「そり」が発生する。

従来、プレスブレーキなどの曲げ加工機を用いて被加工材を曲げ加工すると、「鞍そり」は、一般に、板材をシヤーで切断した場合に見られる。一方、被加工材をレーザやプラズマなどを用いて熱的に切断した場合には、「舟そり」になることが知られている。

また、「舟そり」は、曲げ加工機械の剛性に依存することがある。特に、曲げ加工機械は、フレームが左右で固定され、さらには、駆動源（油圧など）が左右に配置されているために、曲げ加工機械の中心部分が、加工時に湾曲にたわむことによる。このため、金型の高さを調整することで、左右に比べて中央を凸型にし、「舟そり」の中央部分を強圧することで回避している。この考え方は、金型側にその工夫を反映させるならば、金型を3分割して左右と中央部分に適切な加工を行うことも考えられる。

以上のように、単純な曲げ加工においては、加工法や前工程のせん断の状態により、出来上がる製品や加工のトラブルにつながる。そのため、板金部品設計を行う際にも、加工の手法や前工程を確認することが重要である。また、加工現場からトラブルや加工条件・加工精度の情報を吸収することも大切である。

ポイント③

  曲げ方向を考えますか？

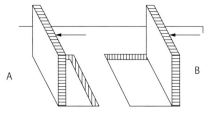

降伏強さA ＞ 降伏強さB

図 3.3.8　A・Bの曲げ加工での差異

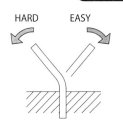
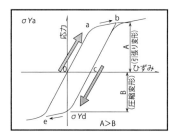

図 3.3.9　バウシンガー効果

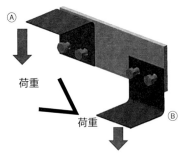

ⒶⒷで比較するならば
Ⓑがより小さい荷重で
降伏することである

図 3.3.10　同じ金具でも

バウシンガー効果を考える

　曲げ加工では圧縮・引張りが板厚方向に働くために、せん断時にできたバリ面を引張りが働く曲げ加工の外側にせず、内側に配置することが望ましいと言われている。同じ曲げ加工を行った板金部品を図3.3.8のように配置する際に、差異を生むことがあるので、注意するポイントを考える。

　引張試験で確認してみよう。引張後除荷して、さらに圧縮荷重を付加した場合の応力‐ひずみ曲線を示すと図3.3.9のようになる（より簡単な動きでは図3.3.10）。

　すなわち、1回目の引張変形においてはa点で降伏し、b点まで加工硬化する。その後、除荷していくとc点からd点に至って圧縮変形の降伏が生じる。ここで、b点における降伏強さσYbよりも、d点における降伏強さσYdの方が絶対値が小さい。

$$\sigma Yb > |\sigma Yd|$$

　このような現象をバウシンガー効果という。

　バウシンガー効果は、引張時に材料内に生じる変形組織による残留応力が、圧縮時にはこれを助ける方向に働くために起こると解釈されている。簡単に言い換えるならば、バウシンガー効果は、一度ある方向に塑性変形を与えたのち、逆方向の荷重を加えると、再び同方向に荷重を加えたときより塑性変形が低い応力で起こることである。

　この効果は、多くの場合、筐体などでは考慮の必要が少ないが、常に荷重が掛かる状態、曲げを含んだ板金部品が組み込まれた状態と、振動などが発生する状態が重なる状態では、考慮する必要が生じる。つまり、設定した降伏強さより小さい荷重で変形する可能性があることである（一般には、安全率を大きく設定している）（図3.3.10）。

　また、この効果は、曲げ半径が影響する。大きな曲率半径（板厚に対する曲げ半径）で曲げる場合には、増大する。逆に、小さい曲率の場合は減少する。できるだけ小さい曲げ半径を設定することが、トラブル対策に効果的である。さらに、耐力が高い材料は、バウシンガー効果に対して抵抗が大きい。

ポイント④

加工現場へ加工条件アドバイス：圧延方向

図 3.3.11　圧延方向の違いと加工条件

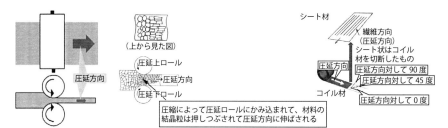

図 3.3.12　「圧延」とは

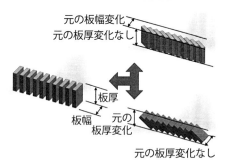

図 3.3.13　圧延方向と r 値の関係

圧延方向が異なると、どのようになるか

　鋼板の製造では、金属の加工方法の1つである「圧延」と呼ばれる2つあるいは複数のロール（ローラー）を回転させ、その間に金属を通すことによって板形状に加工する方法が行われる。ローラーによるつぶし工程を繰り返して鋼板を薄くする。金属の結晶がこの大きな力によりつぶされるため、鋼板は結晶組織が繊維状になる。つまり、鋼板は圧延方向に繊維が入ったようなイメージになっている。これをロール目または板目などと呼んでいる（図3.3.11）。

　鋼板は切板を除き、数種類の決まったサイズになっているものを定尺材という。定尺材の場合、長辺方向が圧延方向である。ロール目に対して直行する方向の曲げの方が比較的スプリングバックが大きくなる。したがって箱を作る場合、ロール目に対して直行する曲げと、平行の曲げは同じように曲げ加工しても曲げ角度がそろわないことがある（図3.3.12）。

　鋼板は、圧延されると金属内の組織が、変化することを容易に理解できる。圧延で出来上がった鋼板は、ロールから出てくる方向を圧延方向と平行（0度）と呼び、ロールに平行な方向を圧延方向に垂直（90度）と呼ぶ。この圧延を通して、金属内部の並びに特徴が付加されるのである。この特徴を「ドミノ倒し」で考えるならば、図3.3.13のようになる。

　つまり、金属内部の並びをドミノに例えて力を掛けるならば
　　＊横方向に「ドミノ倒し」が生じる傾向が強い場所（方向）
　　＊縦方向に「ドミノ倒し」が生じる傾向が強い場所（方向）
のような特徴がある。これが、r値の変形のイメージである。つまり、
　　・板厚方向は変化せずに、板幅方向のみ変化する
　　・逆に、板幅方向は変化せずに、板厚方向のみ変化する
ことである。実際、片方（板厚だけ、板幅だけ）だけが変化することはない。つまり、傾向として、板幅方向は変化しやすい要素が多いかどうかで決まる。その傾向は、全ての金属において同じではなく、金属の種類により異なる傾向を示す。さらに、圧延による板目の方向によっても異なる。

4　板金設計支援機能の活用

　板金部品設計を始めた頃は、以前の図面から同じような形状を探して参考にしたり、社内の設計基準を利用または先輩に教えてもらいながら設計を進めたりしたのではないだろうか。これこそが「板金設計支援機能」である。現在は、CADのデータベースがこれに当たるだろう。

　加工技術や被加工材の進歩により、新たな設計基準を策定しようとしても、「その基準の根拠」の理解を後回しにしたために、算定根拠をどのようにすればよいかわからず、単純に実験データの羅列になってはいないだろうか。

　さらに現在では、従来のように製図板の前に立って、手書きで図面を書くことは皆無といえ、CAD（コンピュータ支援設計）を利用した設計が進められている。しかし、無限とも言える潜在能力持つCADを、十分に活用してはいない。つまり、大半の利用者は他のCADユーザーと同様のレベルで利用している。これでは、少しでも先に進む競争力を身に着けることにはならない。

　例えば、板金設計で「割れ防止」のために、切欠けを付与する場合の寸法をCADのオリジナル状態（購入した段階のまま）ではなく、自社特有な形状などをCADに組み込むことが「差別化」となる（図3.4.1）。

　この「組み込む」実際の作業は、プログラムの専門家に依頼することができるが、その前段の「データを集めて、傾向をつかみ、一般化する」という作業は、まさしく設計者と生産現場の共同作業でなければできない。その際、設計者と生産現場は、可能な限り、論理的な流れを意識してデータとしての結論を導くことを心掛けるべきである。なぜならば、漠然としたデータを「組み込む」ことは、十分に板金加工を理解していないプログラマにとってかなり難しく、設計者の意向を反映させることが難しいからである。

　さらに、多様な設計基準を俯瞰するためには、階層化が重要である。つまり、「ヘミング」「ビード」「フランジ高さ」などの、設計基準を個々の参考にする前に、これらを「強度を確保するという機能」でまとめる階層化が必要であり、まさしく、この考え方がプログラミングでもある（図3.4.2）。

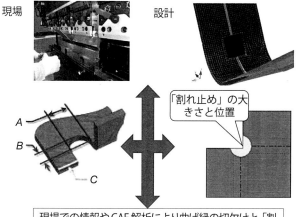

現場での情報やCAE解析により曲げ縁の切欠けと「割れ止め」の共通データベースを探し出し構築。これにより、個々の設計に時間を裂く必要がなくなる

図 3.4.1　現場データで差別化

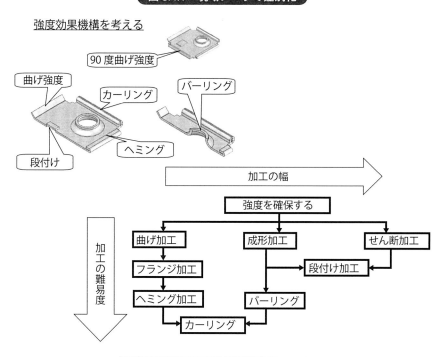

図 3.4.2　加工の階層化・ツリー構造化

ポイント① 自社用の*K*ファクタ

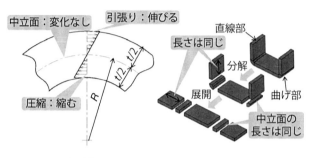

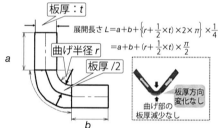

図 3.4.3　曲げ展開の原則

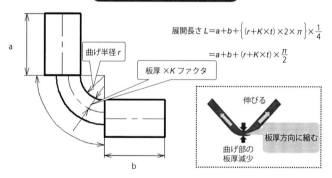

中立面の*K*ファクタによる移動：曲げ部分の板厚変化あり

図 3.4.4　曲げ展開の中立面移動

原理を幾何学で確認

　曲げ変形では、曲げ部の内側で縮み、外側で伸びて、曲げる前の長さと変化が生ずる。そこで、板の内部に伸びも縮みもしない中立面が存在するものとして、その長さを幾何学的に求めて展開寸法としている。中立面は、曲げの前後で長さが変わらないことから、曲げ製品の展開長さを求めるときは、中立面の長さを計算するのが原則である。しかしながら、曲げ加工が厳しくなると、板厚方向に2次的に圧縮応力も働き板厚が薄くなり、周方向に伸びる。そのとき中立面は内側に移動することとなる。中立面とは、材料が圧縮された状態から引き伸ばされた状態に移る変換点に当たり、応力状態がゼロの点である。これは、引張り状態は曲げ加工された部分で最も外側（板厚の外側外表面）に位置し、圧縮状態は、最も内側（板厚の内側外表面）であり、それぞれ中立線に向かって減少し、中立面を境に応力状態が反転するのである。

　実際の曲げ加工においても、長さが変化しない中立面を活用して、展開がされている。例えば、U字曲げの板金製品では、図3.4.3のように

　左側フランジ直線部＋左側曲げ部
　　＋ウェブ
　　＋右側曲げ部分＋右側フランジ直線部＝全体長さ

として、それぞれの長さを合算して求めることができ、実際に、パンチの先端で曲げる個所は、左右端から

　フランジ直線部＋（1/2×曲げ部）＝曲げ線位置

とすることができる。

　しかしながら、必ず板厚中間に中立線が位置しているのでない。変化する位置を表すために、「Kファクタ」を利用する。「Kファクタ」は、中立線の位置の板厚に対する比率である。

$$K\text{ファクタ} = \frac{T}{t} \quad \begin{array}{l}(T：中立線の位置)\\(t：板厚)\end{array}$$

　「Kファクタ」は幾何学的な計算手法なので、曲げ加工での大きな要因であ

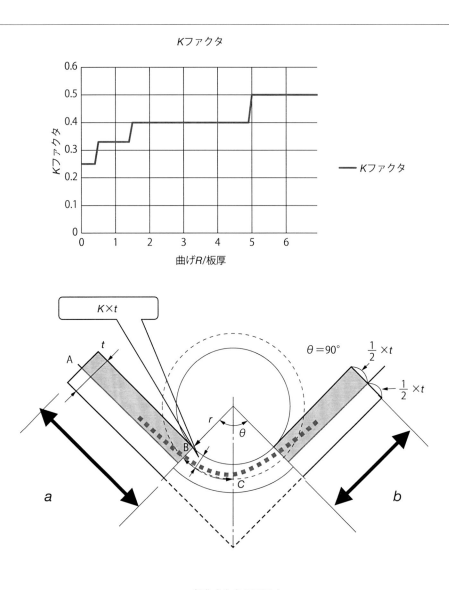

図 3.4.5 中立面移動の係数と一般化

る被加工材特性や金型形状、曲げ加工機械特性などの物理的な要因は考慮されていない。

板金部品設計で多く利用される小さな曲げ半径では、中立面が移動するために、その移動量を幾何学的に考えて展開寸法を求めるならば、図3.4.4から

　左直線部【L1】
　＋（曲げ半径＋Kファクタ【中立線移動係数】×板厚）×（π／2）
　　＋右直線部【L2】＝展開長さ

となる。板厚減少に伴い「Kファクタ」は変化する。しかしながら、この計算式は、曲げ現象を簡単な幾何学で行っている。例えば、「Kファクタ」の影響域は、曲げ部分だけである。実際には、直線部分にも板厚の2倍程度の領域で影響している。より正確に求めることを考えるならば、図3.4.5上の点線にようになる。また、曲げ角度が変更されるときは、図3.4.5下に示すように、一般化した計算式を利用する。

さらに、より正確に「Kファクタ」を決定するため、実際のプレスブレーキでの曲げ加工データから逆算した「Kファクタ」を利用することもできる。

この状態では、本来なら材料特性が考慮されていないが考慮したデータを社内基準にすることも可能である。さらに、実際の加工においては、材料の違いや、曲げ部を強く圧縮する計算の精度を上げるために、板厚のバラツキや、金型の摩耗状況など、刻々と変わる状況の変化を考慮してデータを取り、計算精度を上げる必要がある。実際に曲げたときに展開計算の結果と合わない場合は、曲げ加工の条件と展開長さに関するデータを取り、展開計算のデータ精度を上げる必要がある。

ここでは、「Kファクタ」を考えたが、大量の加工実績データから加工テーブルを作成して、これらから適正条件を導き出すことでより、効率的で確かな設計および加工を行うことが可能になると考えられる。

ポイント②

形状の差異と割れ止め設計をデータで考える

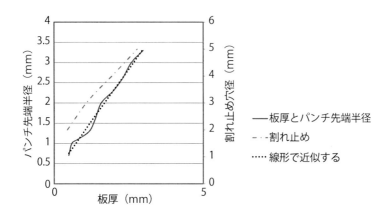

図 3.4.6 板厚とパンチ先端半径と割れ止め穴径（軟鋼板）

「割れ止め」をAおよびBで設定を同じ条件ではなく、変形状態を考慮して決めることも重要である。Aの形状では、「割れ止め」をBの場合より、内側に配置するのが望ましい

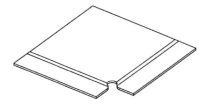

図 3.4.7 形状と「割れ止め」の関係

「割れ止め」も形状確認が必要

「割れ止め」に関しても、円形形状の大きさが割れ止め基準として一般的な板厚を考慮した設計基準がある。この基準も、板金加工で多く利用される鋼板を基準としている。さらに、穴形状の仕上がり状態も一般的な適正クリアランス（板厚の1/3のせん断面）であろう。このように、外観から見た状態の形状を有する「割れ止め」は容易であるが、本来の目的である曲げ線が交差する部分の割れなどのトラブル対策になっていることを検証しているだろうか。例えば、曲げ半径が大きく変更したにも関わらず、割れ止め寸法を変更しなければ、割れ止め自体の変形が容易に想像つくであろう。

「割れ止め」の曲げ線の交差する際に双方の曲げ方向が同じ条件と異なる条件では、設計条件が異なる。その根拠は、曲げの影響が及ぶ範囲である。図3.4.6のように一般的な板厚別の曲げ半径のグラフと板厚別の割れ止め穴径のグラフを並べるならば、ほぼ同じ値である。

それに反して、「割れ止め」の曲げ線の交差する際に双方の曲げ方向が異なる条件ではどうであろうか（図3.4.7）。

この条件では、曲げ加工による変形が曲げ方向が異なるために、ウェブに当たるベースの面において、引張りと圧縮の応力状態の干渉が生じる可能性があるため、僅かであるが、曲げ線の交点よりも内側に割れ止め穴の中心を移動することが求められる。この状態の移動量などは、基本的には現場から蓄積された加工データから算出されるのが望ましい。その際、現在は、かなり手軽に使えるようになったCAE（コンピュータ解析）を利用することで、設計データ構築が効率的に可能となる。

　「割れ止め」の形状として、角穴を設定することがある。この際も、形状だけに気を取られないで、単純に角Rの小さい角穴形状の「割れ止め」で設計して、角部分の加工硬化の増大で、その部分から「割れ」というような状態は避けなければならない。

ポイント③

現場の加工条件を大切に

パソコンなど利用されている
「ルーバー」や「ブリッジ」の成形

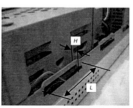

この部分が伸び（一様に伸びる範囲）の限界を超えたために、くびれが発生し、この個所から破断することが想定される

根拠

原則：ブリッジの長さ（L）は、高さ（H）の4倍以上

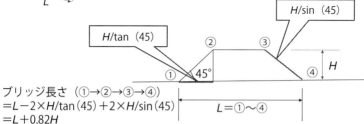

ブリッジ長さ（①→②→③→④）
$= L - 2 \times H/\tan(45) + 2 \times H/\sin(45)$
$= L + 0.82H$

ブリッジ長さ lL が伸びに関係
$(L+0.82H)/L = 1 + 0.82H/L = 1 + e(伸び)$
鋼板の伸びが 0.22 とすると $L > 3.7H$

図3.4.8 ブリッジ成形の根拠

数値を鵜呑みにしないで、その根拠を

　板金部品、特にパソコンなどによく見られる空気循環と冷却のための「ブリッジ」や「ルーバー」の形状加工は、設計段階で空気循環量などの機能的な側面からのみ設計していないだろうか。

　加工に利用される材料特性を確認する作業も重要である。つまり、使用材料変更や材料ロットの差異で加工トラブルになることもある。この原因の大きな要因は、「設計の根拠の不透明」である。そのため、加工現場から板金製品の精度をはじめとする様々なデータを収集することが必要である。

　具体例で流れを俯瞰して見る。

* 例えば、「ブリッジ」加工の「ブリッジの長さは、その高さの4倍以上」という経験則は、**図**3.4.8から明らかなように、この対象になる材料は、冷間圧延鋼板に代表される低炭素鋼である。つまり、引張試験での、一様伸びが25％程度あることが前提である。万一、伸びが少ない材料では、局部伸びが現れて、外観および強度的にもトラブルになる。このことは、当然であるが、ブリッジ部分は、元の板厚に比較するならば減少している。
* さらに、「4倍高さ」に関しても、その高さを形成する斜面は45度である。この角度が変更されれば、当然、必要な伸び量が異なる。そのため、安易な設計変更は、避けなければならない。
* 実際のタレットパンチプレスでの成形では、上向きと下向きがある。
* 板金部品の被加工材の変化に対応できるように、高さを積層金型で調整することで可能である。

　実際の設計では、この確認プロセスを行わなくても、問題になることは少ないかもしれないが、今後の材料や技術進歩にいち早く対応するのは、このプロセスが必要不可欠である。

5　展開図法

　薄い鋼板やステンレス鋼板などの板金材料を使用して製品を作る際に、製品形状に応じた寸法を板金材料から切断することが行われる。この作業が「板取り」である。その際、3次元形状の製品を平面状の板金材料に状態を作り上げることが「展開」で、実際の生産現場では、展開された「展開図」を元に板金加工作業が行われている。板金展開は、大きく3つの領域に分けることができる（図3.5.1）。

＊「鍛金」とも呼ばれる板金材料の板厚を変化させることで、形状を作る打ち出し・絞りを行うための展開
＊建築板金やダクト板金などで、円筒や角筒などの形状でできている3次元形状部品を展開する方法
＊機械板金で、直線状の曲げで作られる箱状の製品を板金の板厚を考慮しながら、平板に展開する方法

　どのような板金製品でも、これらを組み合わせることで展開を行うことができる。以下に、より詳細の説明をする。ただし、曲げ加工でも記述したように、板金製品に利用する被加工材には厚さがある。したがって、本来なら厚さを考慮した展開が行われるべきであるが、ここでは、板厚を考慮しない状態で図学として記述する。

1) 絞り加工における「展開」は、加工を進める途中で適宜余分な部分を取り去って最終形状にするために、他の板金展開のように正確な展開は必要としないのであまり大きな板取りでは、絞り加工がやり難い。反面、小さ過ぎると絞り加工中の縁の割れなどで製品ができなくなることがある。基本的には、

製品表面積＝展開素材面積

で考えられる。実際には、展開素材面積に多少余分に展開して、加工終盤で余分な部分を切断することが行われる。

2) 曲げ加工のみでできる板金製品の展開図の描き方は、3つに分けらる。
　☆**平行線法**：円筒を分割し、その点の高さを平面図と立面図から求めて、巻き物のような胴体をほぐして必要な実長を結んで作成する方法
　☆**放射線法**：円筒展開を行う「平行線」をより発展させて、円錐を構成する面を解きほぐすように展開し円筒分割数によって得たそれぞれ

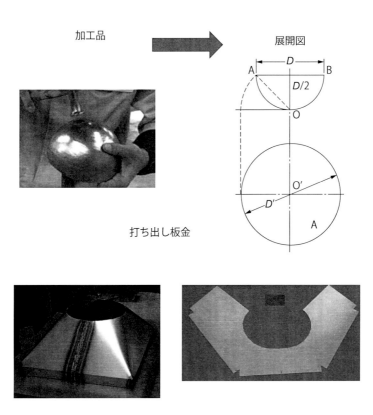

打ち出し板金

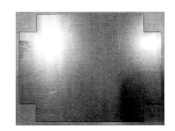

工場板金（曲げ板金）

工場板金（機械板金）

図 3.5.1　多様な展開図法

の点の実長を求めて、立面図と平面図と関係する交点を展開図として結ぶ方法（図3.5.2）

☆**三角形法**：立体の面を三角形で分割し、構成する3辺のそれぞれの実長を求めて、再度構成することで展開図を作成（図3.5.2）

3）機械板金と言われる板金加工は、板金機械で加工1回ごとに、板金材料が立体形状になる過程で「箱物」と言われるデスクトップパソコンや配電盤のケースなどが、図面どおりに出来上がるためには、板厚や曲げられた場所の「丸み」により、立体を表現する図面ではわからない加工前の形状を計算した「展開図」が必要である。

これらの平らな板金材料を、図面から「展開」作業を行うことで板金部品製作を前に進めることができる。その「展開作業」を実際に、設計サイドで行うのか、または、製造現場が行うのかは、企業の事情に依存すると思われる。しかし、板金製品の製作においてもデジタル化の流れで展開の自動化・曲げ作業の簡易化が進む中で、設計サイドでの展開が行われるならば、意識しなければ、現場からの技能・技術的な情報発信は難しくなる。どんなにデジタル化が進んでも、利用する板金材料の特性が僅かでも差異があり、製作に使用する板

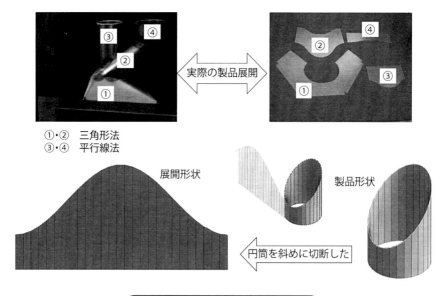

図3.5.2　曲げ板金製品の展開手法

金加工機械が室温により膨張することで、加工条件が異なることになることも考えられる。単純に見える曲げ作業であっても、作業をマクロとミクロの目で観察するならば、現場発の情報発信は、少なからずできるであろう。

実体展開法とは

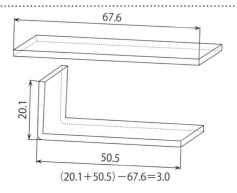

$(20.1+50.5)-67.6=3.0$

図 3.5.3 任意形状曲げて「伸び」を求める

(15+50)＝65mm の図面寸法から
65－3.0＝62.0mm 伸び量をマイナス

図 3.5.4 「伸び」を基に、展開寸法を求める

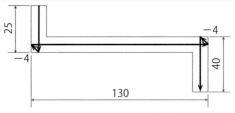

この合計長さが展開寸法となる。
展開寸法＝25＋130＋40－4－4＝187

図 3.5.5 簡易計算法

製品と同じ材料で曲げてから

　長さ67.6mmの板金材料をプレスブレーキで曲げ加工後、辺の外側長さを測定したならば、それぞれ20.1mmと50.5mmになった。つまり、

$$(20.1 + 50.5) - 67.6 = 3.0$$

　3.0mmの寸法のずれが生じたわけである。この寸法のずれのことを「伸び」と呼ぶ。したがって、この板材は1回曲げると3.0mm伸びが生じる。

　板厚2mmの鋼板を曲げ加工したとき、伸びが3.0mm生じることを既に知っているので、この板材を使って、**図3.5.3**のように加工するためにはどのようにしたらよいか考えてみよう。

　伸びを求めた方式を、逆の考え方をすることで「展開」につながる。つまり、曲げ加工後、伸びが生じて、「フランジ15mm－ウェブ50mm」のようになるわけである。では、曲げ加工前にどのような寸法にしておいたらよいのか考える。

　この場合、曲げ加工後の外側寸法の合計が（15 + 50）= 65mmである。この板材の伸びは3.0mmと既に知っているので、曲げ加工前の寸法は65 − 3.0 = 62.0mmにしておけばよいことがわかる（**図3.5.4**）。

　この曲げ加工前の寸法のことを展開寸法という。つまり、

「伸びの分だけあらかじめ短く板材を切っておけば、曲げ加工後、目的の寸法になる」

ということである。

展開寸法の求め方（単純化）
①板厚の真ん中に**図3.5.5**のように一筆書きで線（矢印線）を記入する。
　結果として、角部にある斜線以外の線分長さは外側寸法となる。
②線の長さを合計する
　ただし、角部の斜め線は伸びと捉え、伸びの分だけ引き算する。

ポイント② 中立線展開法は

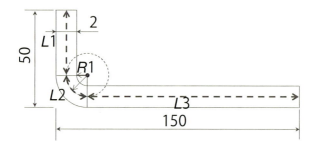

展開寸法 $L = L1 + L2 + L3$

とすると、

$L1 = 50 - 2 - 1 = 47$
$L3 = 150 - 2 - 1 = 147$

L2 は破線の円の 1/4 である。円周の長さ＝直径×π であるから

$$L2 = (2 \times R \times \pi) \times \frac{1}{4} = 2 \times (1+1) \times \pi \times \frac{1}{4} \fallingdotseq 3.14$$

$$L = L1 + L2 + L3 = 47 + 3.14 + 147 \fallingdotseq 197.14$$

展開寸法 L は L=197.14 となる。

図 3.5.6 中立線基準法による展開事例

長さの変化しない中心部で

　曲げの部分をよりクローズアップして見てみると、板には厚みがあるが、この板厚の内部においても同様のことが言える。つまり、曲げの外側ほど伸び、内側ほど縮んでいる。すると、この板厚の内部のどこかに伸びも縮みもしていない部分が存在しているはずである。この伸びも縮みもしない仮想の線を中立線と呼んでいる。曲げ加工前と後で長さが変わらない線である。つまり、この中立線の長さがわかればそれが展開寸法ということになる。

　中立線が板厚の中心線上にあるとする。つまり、板厚2.0mmの板なら板の表面から深さ1.0mm（内部）のところに存在する仮想線であるとする。内R（曲げ部分の内側の半径）が1.0mmだとすると図3.5.6のようになる。

　しかし、実際にはこうはいかない。曲げ部分の板厚が減少するからである。

　曲げ加工後の曲げ部分を拡大してみると、板材は金型に押しつぶされ少し薄くなっている。これにより、中立線も少し内側に移動したと考えられる。

　（「Kファクタ」の項目参照）。

　以上が中立線基準法による展開寸法の求め方である。この方法には幾つか課題がある。

①中立線は仮想の線であるため、実際には中立線がどれだけ移動したのか測定できない。

②展開寸法を求める上で、内R（曲げ部分の内側の半径）が必要であるが、これが小さいと測定が難しい。

③曲げ部分の中立線は実際円弧ではないため、展開寸法は近似値となる。

　したがって、この方法で展開することは限られており、一般的には、曲げR $\geq 5t$（曲げRが大きい）の場合となる。この場合、曲げ部分の板厚の減少がなく、伸びもほとんどないため、中立線は板厚の中心線上にあると考えて差し支えないため、中立線の移動を加味する必要がない。

ポイント③

 外形寸法加算法

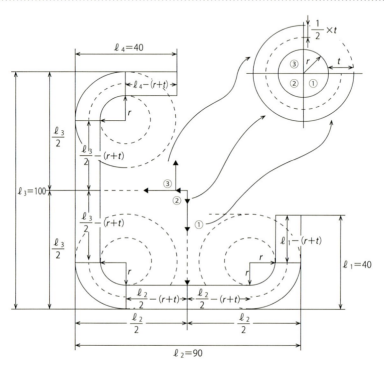

〔$r=10$mm、$t=2$mm のとき、$n=$辺の数〔中立面移動がないとして考える〕

$$全長 = (\ell_1 + \ell_2 + \ell_3 + \ell_4) - (n-1) \times \{2 \times (r+t) - \frac{\pi}{2}(r + K \times t)\}$$
$$= (40+90+100+40) - (4-1) \times \{2 \times (10+2) - \frac{\pi}{2}(10 + 0.5 \times 2)\}$$
$$= 270$$

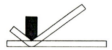

曲げ加工順序

図 3.5.7　外観寸法加算法

簡易計算や歩留まり計算に利用

　板金図面では、設計者が加工現象の理解が十分でなく、製品の外形寸法でああったり、内側寸法であったりするために、板金展開のために直線部分と角部に分解して必要な寸法を求めることも必要であるが、曲げ個所を求める必要なく単に効率的な板取りを行うために、簡易的に展開寸法を計算する方法として「外側寸法加算法」がある（**図**3.5.7）。

　基本的な考え方は、外側寸法と板端から曲げ線までの距離は

　外側寸法 ― 曲げ線までの寸法＝補正値（「伸びともいう」）＞0

という関係がある。これを一般化すると

　全体外側寸法加算 ― 曲げ箇所×補正値

とすることが可能である。その具体的なプロセスは下記のようである。

L：展開全体長さ

L_1：外形寸法1

L_2：外形寸法2

r：曲げ半径

t：板厚

K：Kファクタ

π：円周率

円弧部中立線部展開長さ（円周の1/4）

＝（円周率×（（半径＋（曲げ半径＋板厚×Kファクタ））×2））/4

　展開長さ $L = (L_1 - (t+r)) + (L_2 - (t+r)) + \pi \times (r + K \times t)/2$

　　　　　　$= L_1 + L_2 - (2 \times (t+r) - \dfrac{\pi}{2} \times (r + K \times t))$

ここで、$C = 2 \times (t+r) - \dfrac{\pi}{2} \times (r + K \times t))$ とすると、$L = L_1 + L_2 - C$ となる。一般化すると

　$L = (L_1 + L_2 + \cdots L_n) - ((n-1) \times C)$

　nは曲げ個所数

ポイント④

箱物展開

片引き1：短辺フランジが長辺のフランジを隠すように、短辺フランジ幅が広い。長辺フランジ側が角の衝突を避けている

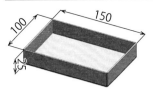 

短辺⇒長辺曲げ（金型交換必要なし）

片引き2：長辺フランジが短辺フランジを隠すように、長辺フランジ幅が広い。短辺フランジ側が角の衝突を避けている

長辺⇒短辺曲げ（金型交換必要）推奨できない方法

両引き：短辺・長辺フランジの断面を見ることができる。長辺・短辺双方が角部分の衝突を避けている

図3.5.8 両引き　片引き

箱物展開も加工の基本が大切

　板金加工で多く作られているものとして箱形状があるが、その箱形状を設計する段階で重要なポイントは、隅の突き合わせ形状である。この形状には、大別すると

　　＊両引き　　　　　　　＊片引き

の2種類がある（図3.5.8）。

　つまり、箱型の側面の突き合わせ形状の展開ができるならば、容易に箱製作が可能になる。当然ながら、設計サイドは、隅部を含む展開方法が製品機能をQDCに照らし合わせて満足するか検討が必要である。

　【両引き】箱形状製作では、図3.5.9の$L1$、$L2$の展開寸法と、$F1$、$F2$のフランジ長さおよび曲げ線の位置がわかれば製作できる。ではそれぞれを求めてみよう。（板厚を2mmとする）

①製作する製品と同じ被加工材と金型で「伸び」を実物から求める。

　100.05mmの被加工材を曲げるとウェブが71.73mmとフランジが31.84mmと測定するならば、

　$(31.84 + 71.73) - 100.05 = 3.52$

から、この被加工の伸びは伸び3.52mmである。

②この条件を、中立線移動を幾何学で考えるならば

　曲げ半径＝1mmで中立線移動が　R/T＝曲げ半径/板厚＝0.5

　でKファクタ＝0.29　に相当する。

③90度曲げでは、1カ所につき3.52mmの伸びがある。さらに、V曲げ加工でパンチが接触する個所は、中立線の1/4円弧部長さ2.48mmの半分の1.24mmの位置になる。

　以上のことを考慮して、長辺・短辺の展開は図3.5.10のようになる。

　さらに、片引きの場合は、フランジの寸法から、板厚分を引くか否かで展開決まる。その際、加工を考慮する必要がある。

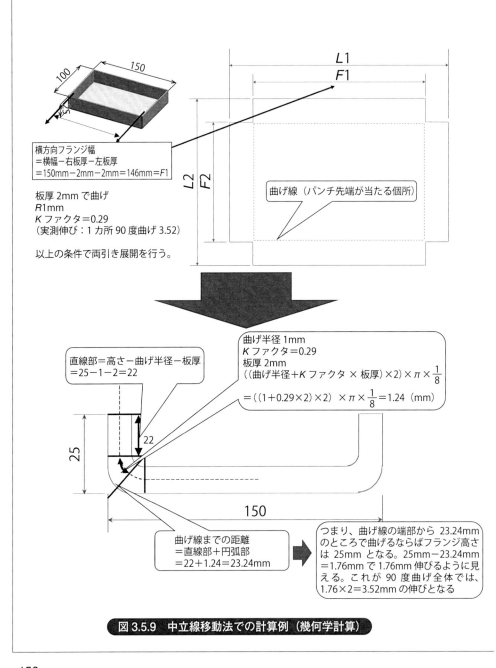

図 3.5.9 中立線移動法での計算例（幾何学計算）

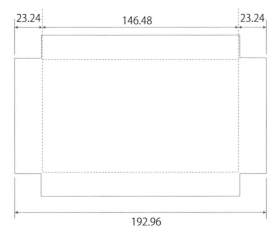

$L1=200$（外側寸法合計）-7.04（伸び合計）$=192.96$

横方向（150mm幅）の曲げ線位置計算

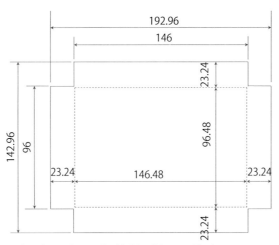

突き合わせ部の形状が各側面共板厚分だけ短いので

$F1=150$（外側寸法）-2（板厚）-2（板厚）$=146$
$F2=100$（外側寸法）-2（板厚）-2（板厚）$=96$

となる。

ブランク外形と曲げ線位置記入図

図 3.5.10 両引きの展開過程例

3次元形状展開

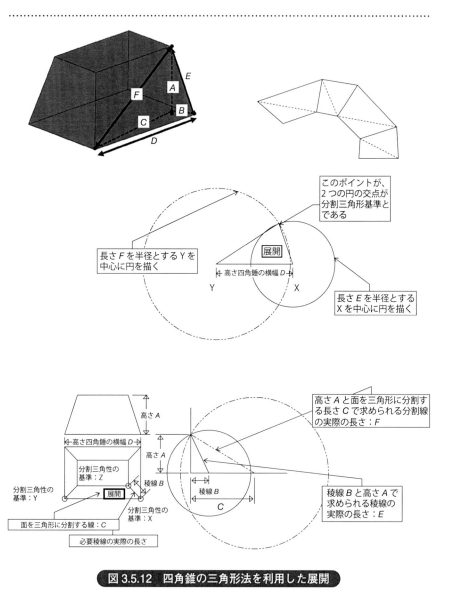

図 3.5.12　四角錐の三角形法を利用した展開

板金部品のデザイン化に対応

1本のペンの実際の長さを視覚的に見るためには、ABの棒が空間に置かれたと考える。

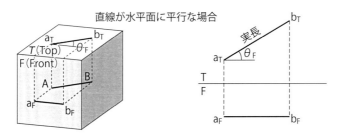

図 3.5.11　実長とは

図3.5.11のように、ABの長さを持つ棒は、水平面で読み取れるが正面からでは、長さを読み取ることができない。このとき、水平面に、棒の「実長」が表れているのである。線分A・Bに対して、線分a_F・b_Fは、正面に対してある角度で置かれているので実長ではなく、線分a_T・b_Tは、水平面に対して平行に置かれているので実長となる。

一般の板金部品において、立面図と平面図が与えられているときに、部品を構成する寸法で実長がそのまま読み取れるのは少ないので、何らかの方法で必要な実長を求めることが必要である。さらに、"3辺の長さを知って、三角形を決める"という手法を利用する。つまり、立体の表面を幾つかの三角形に分割して、その三角形を構成する線分の実長を求め実体と同じ三角形を作成して、これらを連続した三角形で行うことで、全体の展開を行う方法がある。

このことは、「三角形を作って展開図」というプロセスから「三角形法」と呼ばれている。

図3.5.12では側面は4枚で構成されている。これらの面を2つの三角形に分解（8つの三角形）して、それぞれの三角形に必要な実長を求め、2個の三角形で1つの面を構成し、4つの面をつなぎ合わせることで展開図となる。

第4章

加工を考慮した板金部品設計の実例

1　製品設計手順の検討

　一般的に板金部品図面は、製品設計される客先の設計者が行うことが多い。その際、設計時点から加工のしやすさ、コスト、必要精度などを十分検討する必要がある。しかしながら、同一の企業内で製品設計・加工を行う以上に、生産を発注する場合は、QDCの視点を十分に双方で詰めて行うことが必要である。その検討する主なポイントは、下記のとおりである（図4.1.1）。

a) 曲げ加工
　・曲げ方向が明確化　　・板厚を確認　　・曲げ方向の確認　　・曲げ割れ
b) R付き曲げ有無・・・・・・ベンダ曲げの分割数
c) 折り返し曲げ（ヘミング）・・・曲げ割れ
d) バーリング
e) 突き合わせ部・接合（溶接）
f) 寸法・公差
g) 表面処理

　これらの静的な形状に関することは、検討が行われる。この際の基本的な考え方は、「バランス」である。人間の感覚は鋭い部分があり、「見た目、不自然？」という漠然とした感性も大切ではないだろうか。これらは、長年の経験から発せられるものであるからである。

　また、板金製品の中には、荷重や振動、さらには高温・低温などのかなり過酷な状況で利用されことが前提とされているものも多々ある。それらのいわゆる「動的（使われる状況）」な動きを検討課題にすることも重要である。

　これらの事柄は、板金加工製品は、「形には訳がある」ように、利用される状況も当然考慮されている。そのことは、設計者のみが理解してればよいのではなく、板金作業を行う段階でも、その情報は必要ではないだろうか。

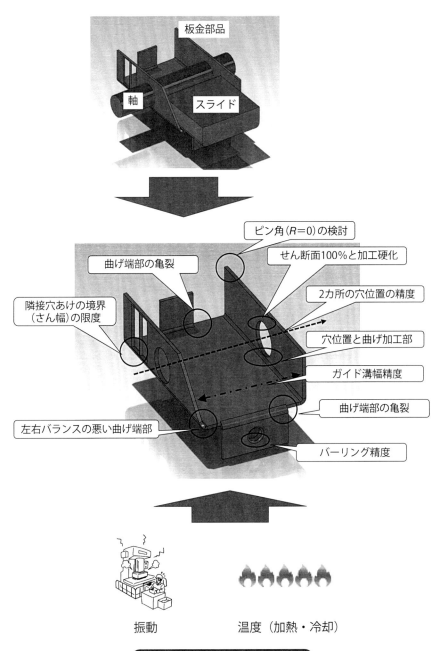

図 4.1.1 板金部品例と検討事項

ポイント①

検討を必要とする個所とは

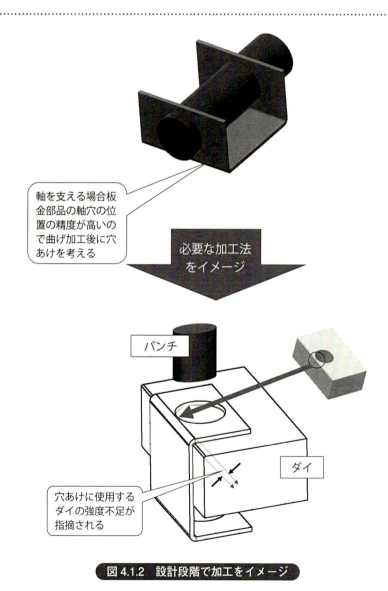

軸を支える場合板金部品の軸穴の位置の精度が高いので曲げ加工後に穴あけを考える

必要な加工法をイメージ

パンチ

ダイ

穴あけに使用するダイの強度不足が指摘される

図 4.1.2　設計段階で加工をイメージ

加工をイメージしよう

　当然であるが、加工法を考慮することも重要である。プレス部品が本体部品に組み込まれるまでには、多くの工程を経ることがある。その際、それぞれの工程でのトラブルを、事前に避けることも大きなポイントである。

　せん断バリの除去のために、バレルが行われるとき、板金部品の穴などが、互いに絡み合いが生じることがある。その絡み合いを取り除くことを手作業でやると、コストが上昇する。

　さらには、塗装・めっきなどを行うときに、製品を吊るす必要があるとされた場合に、必要な穴などを事前にあけるなどの検討をすることも必要である。

　加工をいかにイメージするかが大切である。例えば、図4.1.2上の製品で軸を通す2つのフランジ壁の穴は、高さ方向ではかなりの精度を要求されるので、誤差が生じやすい曲げ加工後の穴あけが考えられる。この製品形状で注意する必要があるのは、穴位置である。

　図4.1.2下のように、利用を想定したダイ設計をイメージするならば、極端に強度不足がある。つまり、単純に曲げ加工後に穴あけを行えばよいとは必ずしも言えない。さらに、曲げ位置に隣接し、距離が短い板金部品ほど、穴変形が問題視されるので、曲げ加工後の穴あけが考えられる。

　このような状態で、穴あけの新たな方法のアイデアを作り出すことも、板金部品設計者の責務ではないだろうか。以下の簡単な事例で、製品機能と加工法の関係を確認してみよう。

〈事例1〉

　図4.1.3のような半円を有する部品で、穴あけに効率化や材料歩留まりを考えるならば、2個取りも考えられる。その際、意外に忘れてしまうことが、加工された2個の分離面のバリ方向が異なることである。そのために分断することで、寸法減少も考らえる。

　また、分断工程を経て、2部品化するならば、円弧の寸法をノギスなどでの現場レベルで測定することが難しくなることも考えられる。このように、加工には、測定が不可欠であるので、設計の際に「測定」まで考えることも必要で

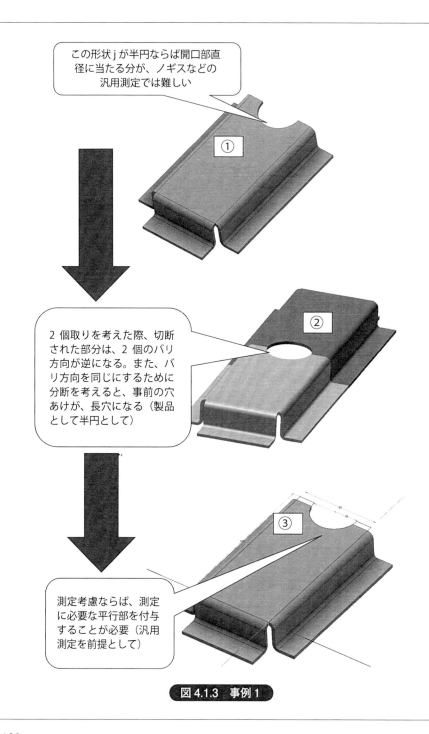

図 4.1.3 事例 1

ある。
〈事例2〉
　具体的に考えるならば、図4.1.4のような加工では、直線状の製品から、板幅の半分を叩くことで変形するように、矩形状に材料からの製作を考えるならば、イメージが簡単にできるように変形することが考えられる。

　このような製品が依頼された状況では、ビード形状による変形を考慮して、ビード成形段階で、位置決めを行うことや2個取りも考えられる。

　このように、加工のプロセスをイメージして、設計段階の問題点を明らかにすることでいわゆる「手戻り」を少なくすることが可能になる。

　これらの他にも意外なことが問題視される。板金加工の領域で考慮すべきと考えられていることもあるが、構成部品を供給する以上、ある程度は考慮が必要ではないだろうか。例えば、電気製品において、シリコーンゴムは電気絶縁性に非常に優れており、耐熱・耐寒性が良く、広い温度範囲でも電気特性が変化しないのが特徴である。しかし、そのシリコーンゴムの成分であるシロキサンの中で、揮発性が高い低分子量シロキサンが、ゴム成分の中に残留している量が多いと、リレーやコネクタなどの電気接点部のスパークなどによって絶縁物となり、電気接点障害の原因の1つになると言われている。このシロキサンは、シリコーンの原料であり、オイルや加硫ゴムなどのシリコーンゴム製品となった後にも微量に残ってしまったものである。そのため、板金加工の潤滑油（製品は脱脂洗浄するが、残る可能性がある）に含まれているならば、検証が必要であるとも考えられる。つまり、工程生産全般を俯瞰することが必要である。

　また、材料特性にも十分考慮が必要とされる。共に、使用環境も考慮することが必要である。

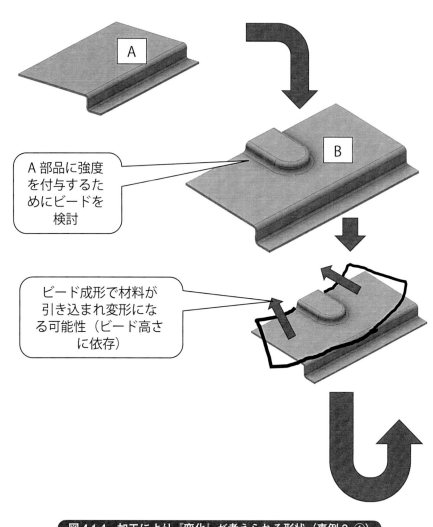

図 4.1.4 加工により『変化』が考えられる形状(事例 2-①)

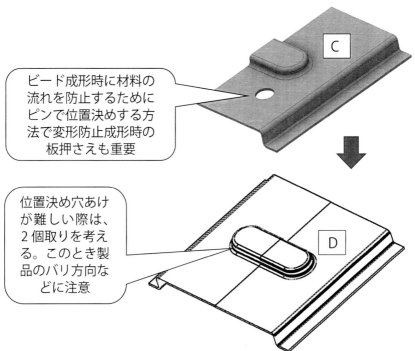

ビード成形時に材料の流れを防止するためにピンで位置決めする方法で変形防止成形時の板押さえも重要

位置決め穴あけが難しい際は、2個取りを考える。このとき製品のバリ方向などに注意

図 4.1.4　変形を防止する手法の1つ（事例2-②）

ポイント②

検討が求められる個所の共通点

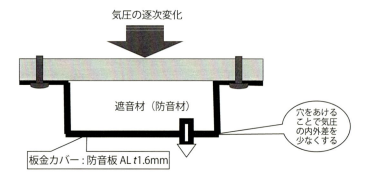

図 4.1.5　気圧変化と破損

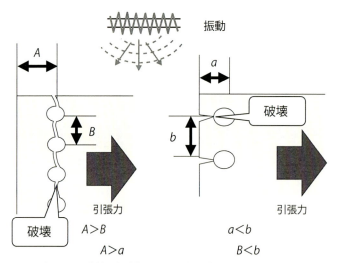

＊振動の周波数や板金製品の固有振動数
＊負荷の方向、大きさ
＊板縁から穴までの距離（Aa）：穴間の距離（Bb）
などの事柄により破壊の現象が異なる。

図 4.1.6　締結の穴の位置

動的な動きに注目しよう

　図4.1.5のような製品が、頻繁に気圧変化が起こる状況下で利用されるならば、この板金でできているカバーを取り付けているリベットが破断することが考えられる。これは、カバーを取り付けた内外で気圧差が生じることで、板金カバーが振動することが原因である。非常に単純に思われるが、この板金カバーに小さい穴をあけることで、内外の気圧差が平均化され、極端な振動を回避することができ、リベット破断という事態を避けることができる。

　「筐体設計」・「板金設計」などは、形状重視で考えられている面が多いのではないだろうか。このように、板金設計段階で、この部品の機能の検討可能な状態が望まれる。

　例えば、利用環境の温度や風を考えることである。そこには、＜熱膨張＞＜振動＞の情報が必要となる。

　板金製品が利用される状況の一例として、「振動」を考える。図4.1.5のような筐体で考えるならば、想定されるトラブルは

・振動による取り付け部破損
・風圧による板の外れ
・板の共振や騒音の発生
・温度上昇
・ボルトの締め忘れ初期ゆるみ

などが考えられる。さらに、ボルトの緩みに注目するならば、同様に振動や負荷方向や大きさに関係すると想像がつくであろう。以上のような事柄は、設計段階で意識しなければ、板金加工現場では、考慮することもないかもしれない。単純に、**図4.1.6**ように「締結の穴位置は、端面から（1.5〜2×穴径）に」という静的な一般則での判断は難しい。なぜならば、「引張り」や「曲げ」の荷重が発生する状況下では、当然余分な負荷が掛かることは予測できるであろう。板の破壊からも推測できるように、穴あけと素材の端部の最小距離は、その穴周辺の動きを考慮して決めることが必要である。

ポイント③

重要寸法とは

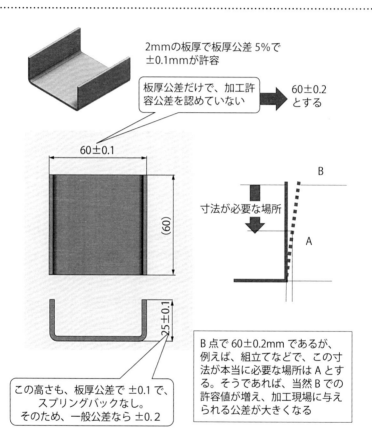

図 4.1.7　必要な場所に公差を

本当に必要な寸法かどうか？

　設計して、図面に寸法および寸法公差を挿入することで、生産現場での動きを左右する場合もある。必要以上の寸法指示は現場を混乱させることもあるため、指示の理由が明確な図面寸法が必要である。そのためには、むやみやたらと寸法精度（寸法公差）を指定しないように心掛けるべきである。なるべく正確な寸法で作りたいからといって、不必要な部分まで寸法公差を入れてしまうとコストアップの要因にもなる。

　板金加工において、寸法精度を出しにくい曲げに関わる寸法などに不必要な寸法公差指示を入れると、正確な曲げ寸法を出すために試し曲げなどの配慮も必要になる場合がある。つまり、重要である寸法、少し乱暴な言い方をすれば、それほど正確な寸法である必要がない場合もある。

　例えば、**図4.1.7**のように、板金製品に幅60±0.1の板金製品外側指示では、極端な場合、板厚2mmの板厚公差5%とするならば、板厚は、1.9mm＜2mm＜2.1mmの範囲である。つまり、板厚最小の曲げ加工と板厚最大の曲げ加工では、±0.2mmの外側寸法に誤差が生まれることになる。これは、加工上の誤差（例えば、スプリングバックなど）が許されないことになる。一般公差A級であれば、極端な板厚誤差を許しても、加工現場に±0.1mmの許容値を与えることができる。

　また、外形寸法60mmがフランジ高さ全体で必要なのか、それとも高さ10mmまでなのかを追加指示するならば、加工上許容されるスプリングバック量が、僅かであるが緩和される。

　寸法公差の指示は、必要最小限にとどめることを心掛けるべきである。

ポイント④

加工傷にも注目

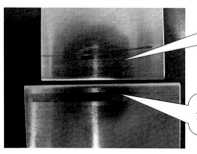

加工時に、テフロンシートを利用する

金型に触れた部分

図 4.1.8　被加工材と金型の接触

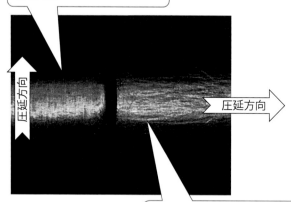

圧延方向に垂直な曲げ線での曲げ加工では、凹凸が目立たない

圧延方向

圧延方向

圧延方向に平行な曲げ線での曲げ加工では、目立って凹凸が見える。材料により異なる

図 4.1.9　圧延方向と曲げ加工による表面凹凸

外観も大切に

　金属は、空気中に放置すると酸素との酸化によりさび、腐食する。これらの防止策として、塗装・化学処理・めっきなどがある。このとき、深い傷などは、塗装でもこれらを取り去ることはできない。そこで、加工途中の「傷」対策を十分に行う必要がある。特に、グラインダ加工には注意が必要である。

　曲げ加工の際に極力傷を付けないようにすることも重要である。ヘミング曲げにおける外観不良を考慮した場合、基本的には、加工における傷は金属間接触でできるものである。つまり、金属同士の接触を起こさせないようにすることが重要である。

　これらのV曲げ加工での傷に関しては、その傷の外観とともに、深さが重要である。この深さが深いならば、亀裂が入りやすくなり、強度的に問題になる。

　強度の強い材料であるステンレス鋼板では、0.05mm程度であるが、軟鋼板などでは、軟らかいので板厚の5~10%となることもある。2mmの軟鋼板では、0.2mmの深さの傷が、曲げ加工ダイの型部に当たる被加工材に付けられることである。

　そのため、金型と被加工材の直接金属間接触を避けるために、ビニールやテフロンを被加工材に貼り付けたり、ダイ肩をローラなどにして、接触を固定化した方法なども利用されている（図4.1.8）。つまり、板金部品設計者は、外観に関しても、指示を的確にして、余分な作業や「手戻り」を避けなければならない。

　製品外観に関しては、曲げ加工で、トラブル（割れ）と圧延方向との関係を確認したが、外観にも影響する。図4.1.9のように、曲げ加工で外側になる引張力が働く部分を観察するならば、被加工材の種類にもよるが、圧延方向に平行に曲げた際に、表面の凹凸が目立つことになる。

　したがって、外観を重要視する製品設計では、材料板取りや曲げ加工の方法まで考慮することが求められる。

2　突き合わせ形状の検討

　箱形状の製品を製作する際に、曲げ加工を必要としない板取りを考える。箱を製缶（曲げるのではなく溶接を行う）手法で作ってみると次図のような部品を5枚作る必要がある。これを溶接して図4.2.1のように箱にする。

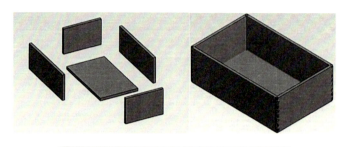

図4.2.1　曲げ加工を必要としない板取り例

　製缶とは、比較的厚い板厚の鋼材で製作する手法であるので、溶接を行う際も、熱影響で鋼材が変形することは少ない。しかしながら、筐体製作のように、比較的薄い鋼板を使用して行う板金加工では、薄板の溶接などで溶接の熱によるひずみやグラインダ処理などの手間が掛かる。この手間をなくすために曲げ加工をする。板金では一般的に図4.2.2のような板から4個所を曲げて箱にする。板金製品の中でも、配電盤の筐体などは、プレスブレーキで製作される。その際、製作法は利用する機械の加工サイズや材料の大きさ、さらには、利用状況を考慮して、
　・1枚の被加工材から
　・2枚の被加工材から
　・3枚の被加工材から
　・4枚（曲げ加工材から曲げ加工がありませんが）
などの製作法が考えられる。
　これらの製品を作り上げるとき、1枚の被加工材を複数回曲げるときに、曲げ方向が逆、あるいは、曲げ線が交差するような曲げ作業が必要となる。その際、曲げ加工された端部が角を形成するようになり、その角をどのように見せるかが大きな問題となる。

1枚構成

2枚構成

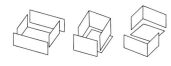

3枚構成

1枚構成の箱製作の
一般的な手順

1枚構成の箱製作で採用される
ことがない手順であるが、曲げ
加工と展開の教育には効果的
でもある

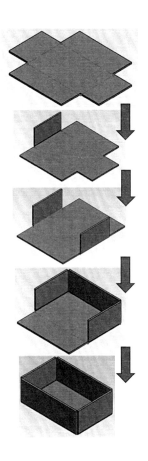

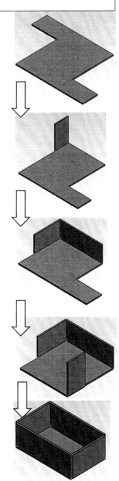

図4.2.2　板金による筐体製作の手順

第4章　加工を考慮した板金部品設計の実例

ポイント① 突き合わせ形状の種類

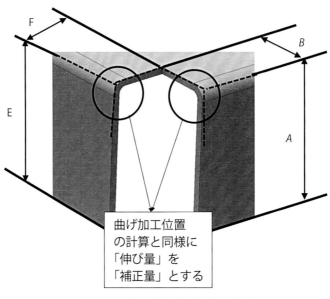

曲げ加工位置の計算と同様に「伸び量」を「補正量」とする

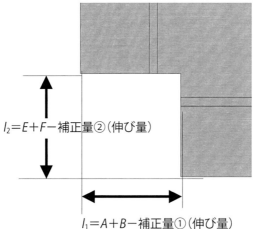

$l_2 = E + F - 補正量②(伸び量)$

$l_1 = A + B - 補正量①(伸び量)$

図 4.2.3　切欠けの基本的考え方

切欠けの基本と応用を確認しよう

　筐体製作において、隣接する面を曲げることにより互いに重複する面が発生する。この部分は、曲げ加工前に切り取る作業が必要になる。この工程は「切欠け」と呼ばれる。この工程は、設計段階で詳細が決められておらず、「機能を満足していればよい」・「曲げ加工後に切欠け部分を溶接」のような指示が行われることもある。しかし、筐体などの展開作業を設計サイドで行うならば、自動展開機能だけに頼るのではなく、筐体展開の基本を理解しておくことも必要である。複雑な曲げでは、切欠けも複雑になるが、基本的な形状の積み重ねであるので、分解して考えればよい（**図4.2.3**）。

$l_1 = A + B -$ 補正量① （伸び量）
$l_2 = E + F -$ 補正量② （伸び量）
同じ金型および加工条件では
補正量①（伸び量） ＝ 補正量②（伸び量）

　この関係で、「$B = F =$ 板厚」と考えるならば、隙間がない状態の角部となる。曲げ半径が存在するために、直交する曲げ線の影響で僅かな隙間を設定するならば、「B または $F =$ 板厚 ＋ 曲げ半径」というような設定で隙間を溶接することになる。このように、基本を確実に理解することで、「手戻り」の少ない設計が可能になる。

　これらの基本を重ねることで、**図4.2.4**のような複雑な角部分の形状を作り上げることが可能になる。

　また、**図4.2.5**のような形状で、隙間がない設計がされることがある。これは、曲げの基本のスプリングバックを忘れたことによる。この状態では、90度曲げまでしかできない。つまり、一般的なオーバーベンド方式でのスプリングバック対策ができないことになる。

　したがって、88度曲げまで可能な隙間を許容することで90度曲げが可能になり、スプリングバック対策となる。また、多少強引であるが、隙間なしの状態でジグを利用して90度状態で加圧して溶接を行うことも考えることができる。

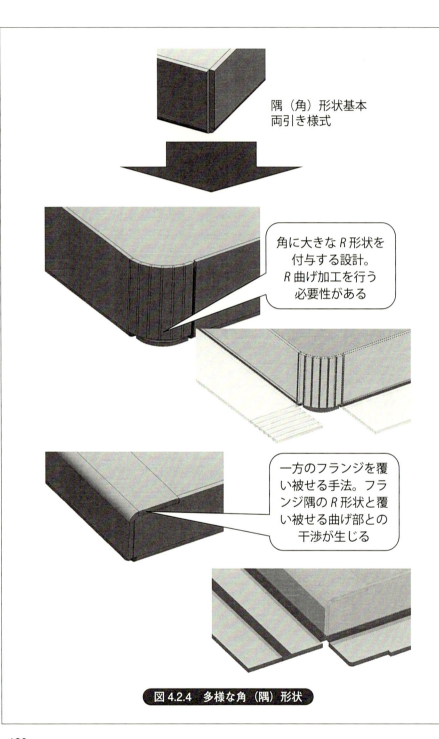

図 4.2.4　多様な角（隅）形状

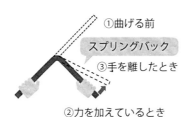

①の状態の材料に力を加えて②まで曲げる。力を取り除くと、材料の弾性により形が③のように少し戻る。このような現象をスプリングバックと呼んでいる。

形状が大きく崩れる

スプリングバックで開く量をオーバーベンドすることで直角を出す

V曲げ

改めて、スプリングバックを確認

この隙間が少ないときは、オーバーベンドの際は、衝突して、スプリングバックを回避できない

隙間を大きくするとオーバーベンドで90度曲げができるが、隙間が開く

図 4.2.5 隅（角）加工でのスプリングバック

溶接以外の締結法

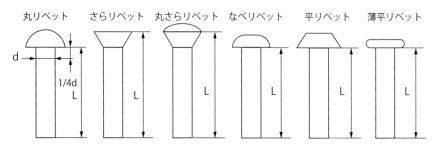

図 4.2.6　リベットの種類

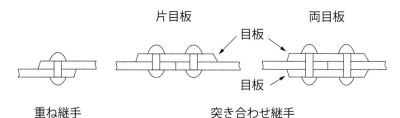

図 4.2.7　リベット継手

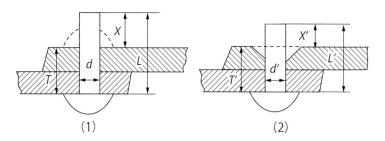

図 4.2.8　リベットの締めしろ

リベットという選択も

　空調ダクトなどの薄い板金材料の締結では、溶接のような熱エネルギーは材料変形の影響などがあるので、熱を利用しない締結法が採用されることがある。

　2枚またはそれ以上の板材をリベット（びょう）で接合する方法である。びょう締めまたはリベッティングともいう。リベットの形状は図4.2.6に示すようなものがある。リベットの長さは、リベット穴に入れたときに板面からの長さLで表される。リベットの太さ（呼び径）は、リベットの頭部からリベットの呼び径の1/4の部分のところの径で表される。リベットの材質には、軟鋼、銅、黄銅、アルミニウムとアルミニウム合金などがある。

　リベットでの結合には、重ね継手と突き合わせ継手がある。重ね継手は2枚の締結する板金材料を重ねて穴をあけ、リベットを通して締結する。一方、突き合わせ継手は、締結する2枚の板金材料を突き合わせて、その片側または両側に目板と言われるカバーが締結する板金材料をつなぐように、双方にリベットで締結する方法である。板金製品で気密性を要求される場合は、目板を樹脂などでコーキングする方法が行われる（図4.2.7）。実際にリベットを利用する際は、リベットの締めしろ（図4.2.8）の計算が必要とされる。

　x：リベットの締めしろ（mm）
　d：リベット径（mm）
とすると、丸頭に成形する場合の締めしろは、
　$x = d \times (1.3 \sim 1.6)$
　これによって、図4.2.8（1）の、重ねた板の厚さがT（mm）の場合、リベットの長さL（mm）は、
　$L = T + (1.3 \sim 1.6) \times d$で求められる。
　図4.2.8（2）の、皿頭の場合のリベットの長さL'（mm）は、
　$L' = T + (0.8 \sim 1.2) \times d$となる。

3　曲げ加工個所の検討

　板金部品設計行う場合は、曲げ加工個所には注意を払うのではないだろうか。
　曲げ加工設計基準を活用することは当然であるが、その基準を成立させている「原理」を理解することで、再確認が可能になる。
　「曲げ加工」の基本は、図4.3.1のような書籍の曲げと実際の板金材料の曲げ加工の差異を認識して、加工現象を確認することである。
　単純な曲げ加工は、一般的には、2次元的な変形と認識されているが、実際の加工では、「中立線移動と板厚変化」や「製品精度向上のための圧縮」変化が表れている。つまり、変形量は僅かであるが、3次元的に変形が起きているのである。この結果として、「曲げコブ」が生じる。
　「曲げコブ」は、コブとして出張ることが予想できる範囲（一般的には板厚の0.5倍の部分）を取り去った状態での曲げ加工が行われている。しかし、曲げ線端部の取り去った部分が僅かであるが凹凸が生じる。このことについて、設計段階で製品の機能や必要な外観に関して、打ち合わせも必要となる。
　以上のような、個別の曲げ個所の検討を行うことも大切であるが、もう一歩積極的に工法開発も重要な事項である。つまり
　　＊より効率的な設計
　　＊新しい工法の開発（当然、加工現場との協同が重要）
を日頃から考えることである。
　これらを行うための視点として、以下のような考え方はいかがだろうか。身近な四則演算の考え方を応用して対応することである。
　　＋：プラス…加えたら、大きくしたら、一緒にしたら
　　－：マイナス…薄くしたら、狭くしたら、低くしたら
　　×：掛ける…混ぜる。組み合わせ得る
　　÷：割る…分けたら、離したら、境目を付ける
　　＝：イコール…そろえたら、標準品、共用にしたら
　　0：ゼロ…なくしたら、外したら、他の使い道はないか
　　＋／－：プラマイ…反対にしたら、上下逆にしたら、順序を変えたら

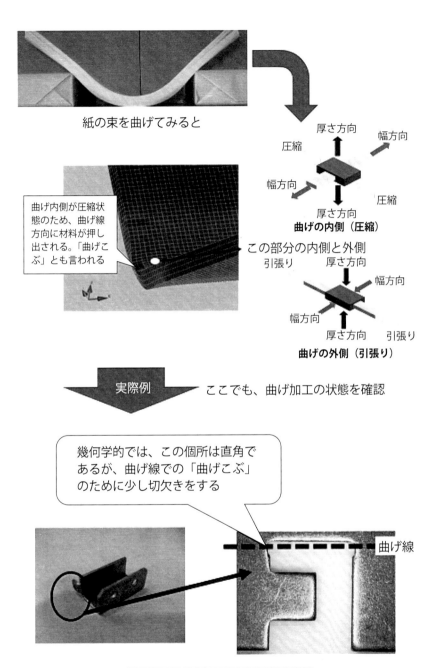

図 4.3.1 「曲げコブ」の原理と対策

具体的な事例で考えてみよう。

〈事例1（図4.3.2）〉

左右に利用する台座部品では、右用および左用を設計している場合を検討するならば、

* 左右の2部品に対して「＋：プラス…一緒にしたら」の視点で、2部品を同時加工した後に分断することで、左右部品用の製作工程を省略できないか？
* 左右の2部品に対して「＝：イコール…共用にしたら」の視点で考えベース部品に平坦部を作ることで、左右部品は区別なく利用できる。このことにより、作業ミスや金型費の低減が可能になる。

〈事例2〉

切削加工部品の板金加工化への模索も板金部品設計者の与えられている大きな責務でもある。そのとき、部品の機能を十分に検討することである。図4.3.3のような部品で

穴に対して「÷：割る・分けたら、離したら」

の視点から検討するならば、せん断作業での2つの穴に分けることで加工個所の増加となるが、曲げ加工作業では、曲げ加工個所を減少させることができる。

実際には、穴あけの精度や、曲げ加工前または曲げ加工後の穴あけによる精度や必要とされる金型なども検討が必要となるが、積極的な工法検討は、新たな板金機械の登場も考え併せて非常に重要である。

さらに、「板金部品だから板金加工で」と思いがちであるが、「板金部品が要求されているのではなく、その機能が」ということを、再確認するならば、図4.3.4のように、切削加工も選択の1つに考えることも大切では」ないだろうか。

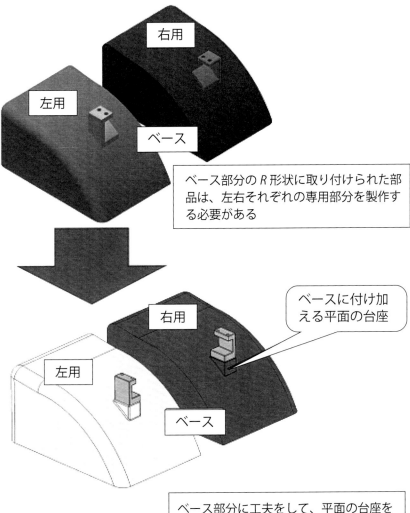

図 4.3.2 左右部品の統一化（事例 1）

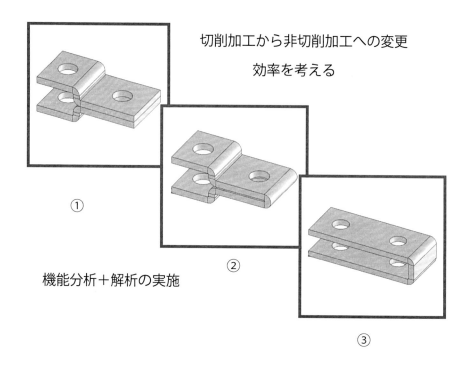

① Z曲げの部品を2枚重ねて製品化
② 2部品を＋(プラス)の視点で、曲げヘミングで1部品化
③ Z曲げおよびヘミングの加工法の難易度を検討して
　2穴を持つ基本機能を満足させるU字曲げ加工で製作する

図4.3.3　切削加工まで考えた工法(事例2)

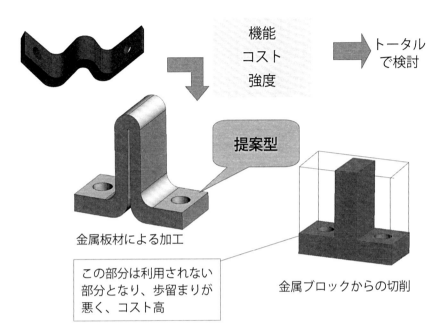

製品の外観でなく、機能を理解することで、
工法転換（板金⇒機械加工：機械加工⇒板金加工）につながる。

図4.3.4　板金加工でも工法転換を考えて

ポイント①

❓ コストを考慮した設計

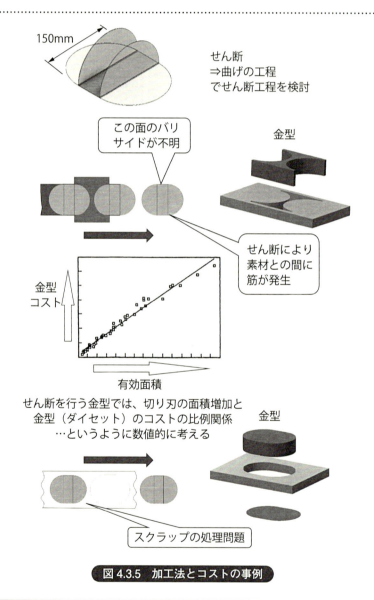

図 4.3.5　加工法とコストの事例

コストも数値で分析を

板金加工で製品を加工する際に、大きな要因が

    Q：品質   D：納期 C：コスト

である。その中で、設計段階でも「コスト感覚」を考えることが重要である。「コスト」という要因に関しては、製品が占める材料費だけで考えることでは、必ずしも本質的に「コスト削減」につながらないことがある。製品ができる工程で、材料購入段階から考えることが必要とされる。

具体的な事例で考えてみる。

図4.3.5のような板金製品を製作する際のブランク材作成において、主に2つの方法（量産型）が考えられる。

1) 原材料の幅を生かして分断手法でブランクを製作するが、考えられる特徴は
 ＊原材料の幅の公差や断面形状（バリ側・だれ側）の不一致が考えられる
 ＊原材料の直線部と分断される円弧の交点が凹凸になる可能性がある
 ＊金型の製作費用は、切り刃面積に関係するので、安価にできる
2) 製品精度および断面形状の指定がある際は、外形抜きを行う。
 ＊原材料の両サイドにさん幅を設置するので、その部分は結果として、スクラップとなる
 ＊製品形状や外観にバラツキが少ない
 ＊金型は、切り刃面積が大きいので、型費は1）に比較して高くなる

以上のように、単純形状のブランク材でも、加工法を選択する際の多くの要因が考えられる。

さらに、原材料が定尺材の場合は、それぞれの定尺材からの取り得る製品数を確認して、可能ならば、製品設計段階で変更も必要である。例えば、事例で扱った幅150mmを140mm変更することで、同じ定尺材からの取り数を増やすことも可能である。材料取りからも根拠や必要条件を押さえておく必要があると思う。

ポイント② 寸法測定を考慮した設計とは

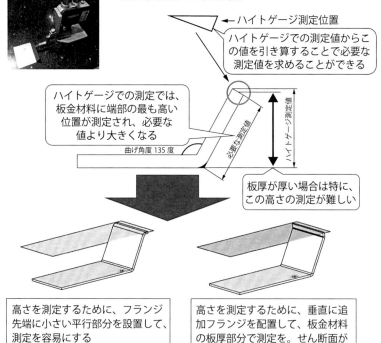

長さ測定が難しい板金測定

ハイトゲージ測定位置

ハイトゲージでの測定値からこの値を引き算することで必要な測定値を求めることができる

ハイトゲージでの測定では、板金材料に端部の最も高い位置が測定され、必要な値より大きくなる

曲げ角度135度

板厚が厚い場合は特に、この高さの測定が難しい

高さを測定するために、フランジ先端に小さい平行部分を設置して、測定を容易にする

高さを測定するために、垂直に追加フランジを配置して、板金材料の板厚部分で測定を。せん断面が少ない場合は難しい

図 4.3.6　測定に必要な部位を追加して測定を容易に

「現場での測定が可能な設計」その視点は加工に通じる

　板金部品設計を行うときに、寸法・寸法公差・幾何公差などを設定するが、そのときに重要なことは、それらの設定を実際の製作段階でどのように測定して検証するかを考慮しながら設計することである。このことは、CADを利用して設計する場合は、必要な寸法は即座に求めることができるために、意外にその重要性に気が付かないことがある。

　実際の生産加工現場では、高価で精度の高い測定器で測定することは難しいので、図面上の長さ測定は、一般的には「ノギス」が利用される。

　実際の事例から、板金製品の特性上から測定が難しい場合を検証してみる。図4.3.6のように2部品を接合し合わせ、断面の均一化を求める場合は、AまたはB部品の「測定が難しい」部分が必要となる。この部分は、ノギスでの測定方法を考えるならば、簡単には測定できない。

　これは、板金加工製品では、曲げ部分がR形状しているために、2直線の交点を仮想点として考えなければならない。また、板金材料には板厚があるので、板金加工で曲げ角度が135度の場合でフランジ高さを正確に測定するのは難しいことが想像できると思う。したがって、設計段階で、測定法を考慮し、汎用（ノギスやマイクロメータなど）測定機器で現場測定が可能であることが、品質さらにはコストや納期にも影響する。製品の特性上必要な汎用測定が難しい場合は、設計段階で、測定補助ジグなどを考える必要があるのも当然であろう。

　以上のことから、設計に際しては、測定を意識した設計も必要である。例えば、事例で扱った製品では、測定のための「フランジ」を考慮することも一案である。ただし、測定のために、部位を目立たせたくないために小さくすることで、曲げ加工のバランスやスプリングバックの加工特性から、かえって難しい曲げ加工を強いることになりかねない。この点についても考慮しながらの製品設計が求められる。

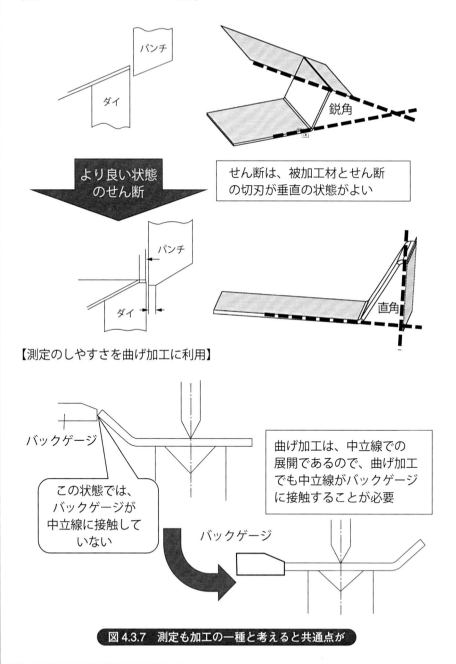

図 4.3.7　測定も加工の一種と考えると共通点が

測定の視点から、板金部品設計時の形状について検討したが、この現象を設計基準として守ることは重要であるが、この基準の原則を理解した上で設計に生かすことがポイントである。

　その原則とは、非常に単純で、

　　　「測定は、平行する面に面積が広い状態での測定が望ましい

　　　　（別の言い方をするならば、測定物と測定方向が垂直である）」

である。つまり、フランジの曲げ角度が90度以外では、その高さを測定するときは、板金材料の縁とウェブの間隔を測定していることである。また、図面上での板金展開は、中立線で行われているので、その値を直接読むことも難しい。

　この原則は、加工にも非常に重要なポイントを示している。以下に、せん断と曲げの事例を考える。

【せん断加工】

　例えば、斜面をせん断する加工が必要な設計では、パンチと被加工材が90度の直角ではない角度での加工となる。これは、一見しても加工の不安定がイメージできるであろう。このような設計には、僅かでもパンチに垂直となる面を追加して、安定したせん断を確保する製品設計することも、設計者の役目である（図4.3.7上）。

【曲げ加工】

　板金曲げ加工で多用されるプレスブレーキで、曲げの半自動化に欠かせないバックゲージがある。この機能を、曲げ加工段階でプログラム化して加工のスピードを速めている。

　その利用に関して、今回の原則を当てはめるなら、

「バックゲージの当たる面が被加工材の端面よりも広い面がバックゲージに当てることでの加工が望ましい」

となる。そのため、図4.3.7下のように、被加工材の縁を当てるのではなく、最低でも板厚分を接触させることが加工の安定性（この場合も、展開は中立線であるから）が確保できる。

4　溶接以外の接合個所の検討

　配電盤や制御盤に使用される筐体は、代表的な多品種少量生産品で、主として人手によるアーク溶接、CO_2溶接、TIG溶接が利用されている。さらに、面同士の接合としてスポット溶接が行われる。これらは、どれも永久結合であり、製品のリサイクルに際して手間が掛かる。

　筐体溶接では、「ひずみ」対策が必要不可欠であり、ジグなどのコストアップにつながる。また、溶接スパッタの除去などの作業も作業環境悪化となる。そのため、これらに対応することが必要とされる。

　対応策の1つに「接着」が考えられる。この方法を採用するためには、接着の特性を十分に発揮できるような設計を行うことが必要である。

　接着する際には、
　＊接着面同士で組み合わせ
　＊接着部分にはせん断力に効果で剥がす方向の力（ピール力）が働かない
　＊接着面を大きくする
などが重要なポイントである（**図**4.4.1）。

　これらの特性を考慮するならば、筐体設計における接合部の設計は
☆突き合わせ接合ではなく、平面を利用する重ね合わせ法を利用
☆動的な変形を考慮して、引き剥がし力が働く方向を確認する
☆接着材は絶縁物もあるので、通電が必要な場合は、リベットなどの通電物を兼用すること
☆環境を考慮する（水分や温度など）

　これらを考慮して、「接着」を使用するならば、その強度は、スポット溶接より大きく、アーク溶接に匹敵する強度が得られる。

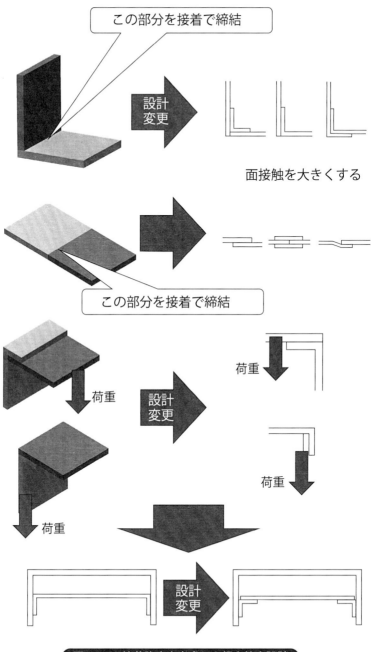

図 4.4.1 接着強度を考慮した板金接合設計

溶接の種類と特徴

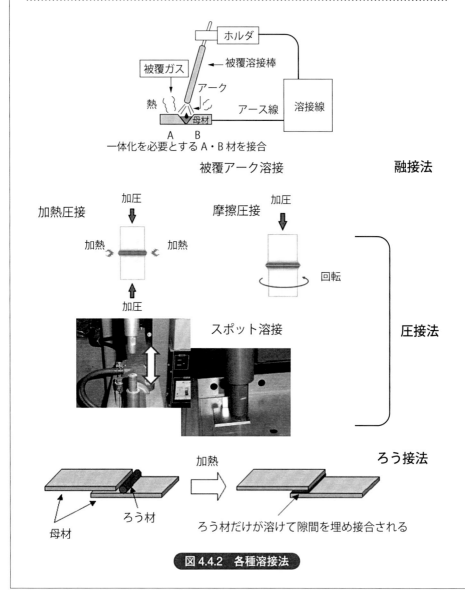

図 4.4.2　各種溶接法

目的に合わせた溶接法

金属の接合法として、板金加工で利用される「溶接」の種類には、
1) 融接法：接合部分を溶融・凝固することによって接合
2) 圧接法：接合部分に熱と圧力を加えることによって接合
3) ろう接法：接合する部分にろう材を拡散させることによって接合
がある（図4.4.2）。その溶接の利点と欠点は、次のとおりである。

【溶接の利点】
・溶接継手の強度が母材に比べて高い
・構造物の重量が機械的接合法に比べて軽量化が可能
・設計・工作の変更が簡単にできる
・製作時間が短縮でき、能率的である
・気密・水密な構造物が、容易に製作できる

【溶接の欠点】
・局部加熱による変形や残留応力が発生する
・接欠陥が発生しやすく、正確な検査が難しい
・高温で接合する場合、金属組織が変化する
・溶接の良否が溶接作業者の技量に左右される

板金材料を溶かして、融合させて冷却することで板金材料相互を接合させる。この接合方法は、永久結合で修理やメンテナンスが必要な箇所には利用されない。主な溶接の種類は、

CO_2溶接：溶接棒と呼ばれる針金のような材料を溶かすことで、被加工材を接合させる。

スポット溶接：スチール家具などでよく利用される溶接方法。上下の口金と呼ばれる部分に2枚の被加工材を挟み込み圧力を掛けることによって接合させる方法。

アーク溶接：電気のアーク放電を利用して同じ金属同士をつなぎ合わせる方法

TIG溶接：アーク溶接の一種。融点が非常に高いタングステン棒（融点は摂氏3,400℃）からアークを出し、シールドガスの中で被加工材を溶かす方法。

ポイント②

溶接個所スポット

製品強度を上げるにはスポット溶接個所を多くするのが1つの方法であるが、溶接打点ピッチは狭ければ良いというものではない。
打点ピッチ寸法が狭すぎると、スポットの電流が逃げてしまうため、溶着が不完全となる場合がある。

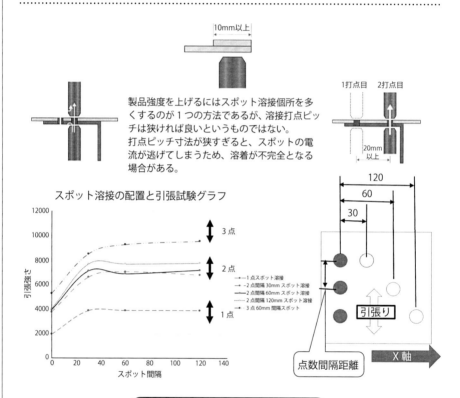

図 4.4.3　スポット溶接とその強度

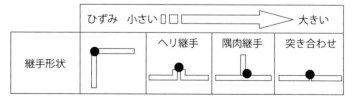

図 4.4.4　溶接ひずみを考えた継手

溶接の仕方で変わる強度とひずみ

　スポット溶接は、溶接したい2片の金属の上下から電極を当て、適度な圧力を加えながら大電流を流し、発生した熱で金属を溶かして接合する手法である。スポット溶接は、「抵抗溶接」の一種である。溶接したい物体に電気を流して、その発熱を利用して接合部の金属を溶融させる。つまり、電気を流す金属でないと溶接できない。スポット溶接を適用する材料は自動車では厚さ0.7~2.6mm程度の軟鋼薄鋼板が主体である。しかし近年は車体の軽量化や防せい（錆）能力の向上を目的とし、引張強さ45~120kgf/mm^{2}の高張力鋼板や亜鉛めっきなど表面皮覆鋼板の使用割合が増している。鉄道車、航空機ではステンレス鋼やアルミ合金にも適用される。

　多点溶接部の引張せん断強さは、同一面積内に同数のスポット溶接した場合でも、点配置により異なる。これは、隣接したスポット溶接同士の応力場が互いに干渉して強さが低下する。そのため、隣接するスポット溶接同士が干渉しないように十分な距離を取れば、多点スポット溶接部の引張せん断強さは点数に応じて大きくなる。（**図4.4.3**）。

　板金で行われる溶接は、薄板ならではの「ひずみ」の発生である。では、「ひずみ」はなぜ発生するのだろう。順番で考えてみよう。

STEP1：溶接は、当然、溶接熱により素材は熱膨張する。しかしながら、周囲の材料には、熱変形を誘発するような熱が伝わってこない。つまり、熱変形をする溶接部は、周囲の素材に拘束され、熱膨張の量が抑えられる。

STEP2：溶接が終わり、溶接部を含む素材は、冷却が始まる。当然、熱が取り除かれるのであるから、加熱により膨張した量が収縮しようとする。

　本来の熱による変形量より実際は、拘束により少ない変形量となる。つまり膨張量と収縮量が等しくないために「ひずみ」が発生し、変形する。以上のようなひずみ変形に対しては、以下のような対応策が考えられる。

a）溶接継手部の少ない製品構造への工夫（**図4.4.4**）
b）ひずみの少ない溶接継手の工夫

5 設計と製造現場との連携

ある技術者の話である。

『薄板鋼板の加工品の強度を上げたいが、常識では、熱処理で硬くするには、鋼材の中に炭素が含まれていなければならない。でも薄板鋼板には僅かしか含有していない。そんなとき、以前、現場の技能者が、スポット溶接後にその個所に水を含んだウェスで拭いていたことに対して質問したところ、「硬くなるんだよ」との答えがあったが、「そんなこと無理」と聞き流していたことを思い出した。そして、実際に実験したら、理由はわからないが確かに硬くなった』

このことにより、低価格の薄板鋼板を、高張力鋼板並みの製品を作ることができた。しかし、現場のノウハウが、最初に見聞きした時点で技術化されていれば、という面もある（図4.5.1）。

このように、「モノづくり」は、従来は、設計者が製作まで行うこともあったが、現在では、設計と生産現場はそれぞれの方々が担当する。ですから、この双方は設計が前輪で製造が後輪のように、互いに連携しなければ、「モノづくり」が進まない。

そのためには、技能者は設計側に歩み寄り、設計者は生産現場に歩み寄ることが、必要不可欠である。それとともに、目の前で起きている現象に、「なぜ」と常に問いかけることである。それにより、工法や機械、材料の本質に近づくことができ、新たな技術開発につながる。中でも、「工法転換」は、大幅なコスト削減につながるために模索されている。しかし、意外と従来の工法をよく精査すると、新しい技術との「加工原理」の共通項を見いだすことができる。

例えば、「レーザーフォーミング」が画期的な加工法と考えているかもしれないが、実はこの方法は原理的には、昔から利用されている（図4.5.2）。

金属を加熱することで容易に曲げることはだれもが理解できるであろう。また、自動車板金で、見事に形状を元の形状にすることも実は同じ原理である。同様に、造船での「ぎょう鉄」という厚い鋼板を船体の形状にバーナー（加熱）と水（冷却）で作り上げていく工程で同じ原理が利用されている。

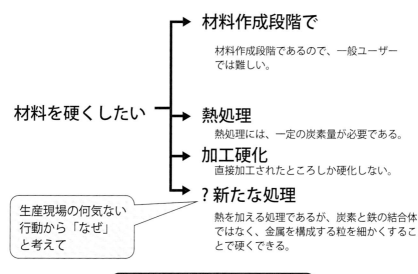

図 4.5.1　薄板鋼板を硬くするには？

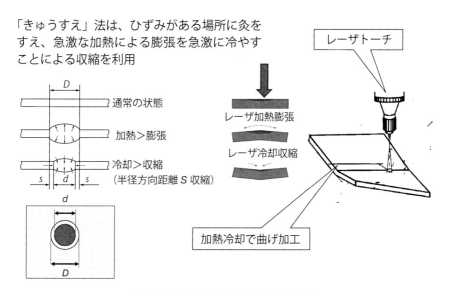

図 4.5.2　加熱・冷却による加工法

現場と設計の歩み寄り

図 4.5.3　ビードのある板金製品

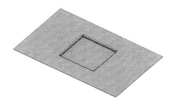

図 4.5.4　張り出し板金製品

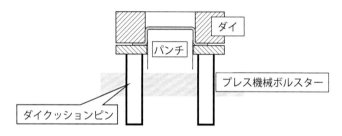

図 4.5.5　ダイクッションを利用する金型

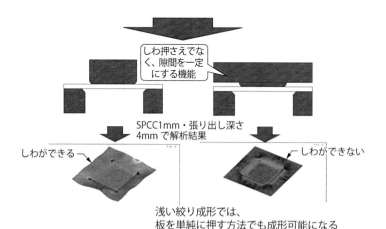

図 4.5.6　ダイクッションなしの加工を想定した解析

ケースバイケースで検討する重要性

　板金部品の設計者は、分業化されたり、多様な生産トラブルのある現場で過ごす時間が少なかったり、または、委託生産のために、設計した板金部品が、どのように生産現場で製作さているかを目にすることが難しかったりして生産工程に影響した経験があるのではないだろうか。

　例えば図4.5.3のように、強度を付与するために、平坦な板金部品にビードを設置する際は、タレットパンチプレスの利用が考えられる。図4.5.4のような比較的浅い容器のような製品では、どのような工法を考えるだろうか。

　まずは、張り出し加工をイメージするのではないだろうか。そのためには、図4.5.5のようなダイクッションを利用するような金型が考えられる。しかし、金型製作は、大きな費用を必要とする。そのとき、前述の「ビード加工」を考慮すると、より簡易な工法を考えることができる。

　実際に、5mm深さを必要とする板金製品をパンチとダイだけで成形するならば、フランジにしわが発生して、外観の悪い製品となる。そこで、ダイクッションを利用してしわ押さえを行うのである。しかし、そのときのしわ押さえ力の検討を、一般的な絞り加工を想定したしわ押さえ力の利用ではなく、状況に合わせて検討するならば、単純にパンチ形状にフランジ部分を含めた形状にすることで被加工材の板厚程度の隙間を維持し、しわ押さえなしでもフランジ部分にしわの発生のない加工が可能になる。つまり、張り出し成形には、「しわ押さえ」が必要と言われるが、材料特性や金型構造を考慮するならば、必ずしも、「しわ押さえ」が必須機能ではないこともある（図4.5.6）。

　さらには、「シヤリングの時間を掛けるせん断」を思い出すならば、広範囲の非常に浅い張り出し加工では、パンチとダイを移動させること（被加工材を移動することも含めて）での加工も考えられる。この方式ならば、張り出し面積を自由に変更できる（この方式で大掛かりな機械であるが、逐次成形法で自在な形状の張り出しを実現している）。

　このような事例は、生産現場に依存する場合が大きい。生産現場と設計現場の相互の歩み寄りが必要ではないだろうか。

現場の発信力

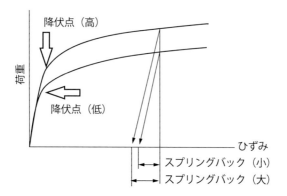

図 4.5.7　降伏応力とスプリングバックの関係

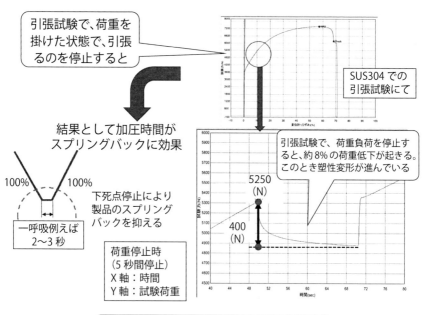

図 4.5.8　引張試験での応力緩和と曲げ加工

勘・コツは設計者との共通言語データで

　現在では、数値制御で動くプレスブレーキでの板金曲げ加工が増えてきているが、従来の油圧式のプレスブレーキでの加工を行うとき、「ベテランが、曲げると、上手に角度を出すことができるが、新人は、同じようにペダルを踏んで曲げても思うようにできず、何度も曲げ加工を繰り返す」というような状況を見聞きしたことはないだろう。実際に、ベテランと新人の作業を比べても、一見しただけでは、差異を認めることが難しいかもしれない。

　しかし、「何か違うこと」があるはずである。ここでは、「スプリングバック減少」に寄与する事例を考えみよう。

　実際の作業で、プレスブレーキの曲げ終了時点で、スライド下死点になったら直ぐに、足をフートスイッチから離して、スライド上昇させるのではなく、一呼吸した後に足を離す作業を行っている。この僅かな時間差や一呼吸が行われている際に、曲げ加工された板金材料に何かが生じているのである。

　要因の1つに「応力緩和」という現象が関与している。これは、我々の身近でも実感する現象である。例えば、「ゴムひもが長期間使用していると緩む」や「ビニールテープを貼るときに、片方を固定してから引張って、あるところでもう一方を固定するとき、最初は強い力で押さえているつもりでも、時間とともに、多少弱い力でも片方を持つことができる」のような現象で、「物体に一定のひずみを与えることによって生じた応力が低下する過程」を応力緩和という。プレスブレーキでの曲げ加工では、「荷重を保持した状態でも塑性変形が時間とともに多少ではあるが進行するという」ことである。つまり、降伏強さが大きくなるとスプリングバックは大きくなるという現象（図4.5.7）から、曲げ加工終了時の一呼吸で応力緩和が生じ、曲げ終了時の荷重の低下をもたらす。つまり、一呼吸するか否かで、僅かなスプリングバックの低下の要因の1つになると考えることができる（図4.5.8）。このような現場でのノウハウを明らかにすることは、意外と他の分野への影響力も大きい。生産現場は、僅かなノウハウも発信するために、感覚的な情報発信でなく、原理などがわからなくてもデータに基づいた情報発信が必要である。

【索引】

数・英

CO_2 溶接	199
K ファクタ	137
L曲げ加工	121
n 値（加工硬化係数）	27
r 値（ランクファード値）	25
TIG溶接	199
V曲げ加工	121
Z曲げ	73

あ

アーク溶接	199
圧延方向	133
圧接法	199
穴基準	91
アレンジ図	85
板鍛造	101
板目	59
位置決め	75
一様伸び	143
応力緩和	62
応力	21、22
オーバーベンド法	61、127

か

外形寸法加算法	152
カーリング	135
加工硬化	16
かしめ	77
片引き	155
片振り荷重	39
幾何公差	93
機構	11
基準面	43、93
機能	9
キャンバー	45
鞍そり	129
クリアランス	49
建築板金	7
コイニング	61、123
工場板金	7
コーナセット法	61
交番荷重	39
降伏強さ	23
固有振動数	13

さ

サーボプレス	117
最小曲げ半径【R_{min}】	59
さび	39
三角形法	146
さん幅	54
シーミング	77
シェービング	117
ジグ	7
時効硬化	27
仕事率	106
仕事量	106
実長	159
絞り加工	33
締めしろ	183
シヤー角	115
シヤリング	28
自由曲げ	123
正面図	81
除去加工	15
しわ押さえ	205
スプリングバック	61
スポット溶接	201
寸法公差	87、173
製品表面積	144
接合加工	15
せん断エネルギー	49
せん断	44
せん断抵抗	109
せん断荷重	109
せん断面	45
塑性	16

た

ダイ肩幅	123
体積一定	16
ダイ	31
だれ	45
タレットパンチプレス	28
弾性	16
中立線展開法	150
中立面	57
直角度	93
直交2辺基準	91
ツイスト	45
抵抗溶接	201
適正クリアランス	49
展開図	85

な

熱膨張	39
伸び	23

は

ハイトゲージ測定	192
バウシンガー効果	131
はぜ組み	77
破断面	45
バックゲージ	46
はり	123
張り出し加工	205
バリ（かえり）	45
パンチ	31
ビード	205
ピール力	196
ひずみ	22
左側面図	81
引張強さ	23
ピン角	51
フォールディング曲げ	127
船そり	129
ブラインドベット	76
フランジ	101
ブリッジ	143
プレスブレーキ	28、207
平行線法	144
平行度	95
平面図	81
平面度	94
ヘミング	105
変形加工	15
放射線法	144
ボウ	45
ボトミング	123
ポンチ絵	9

ま

曲げ加工	56、61
曲げ線位置	137
曲げモーメント	62
右側面図	81

や

融接法	199

ら

リベット	77、183
流用設計	2
両引き様式	180
両引き	155
レーザ・タレットパンチ複合機	119
ろう接法	199
ロール	59

わ

割れ止め	69

著者略歴

小渡　邦昭（こわたり　くにあき）

塑性加工教育訓練研究所　代表

1954年 東京生まれ。1978年 職業訓練大学校塑性加工科卒業。1978年 特殊法人雇用促進事業団入団（現、独立行政法人高齢・障害・求職者雇用支援機構）。宮城技能開発センター、中央技能開発センター、高度技能開発センター。JICA（国際協力事業団出向）フィリピンでの職業訓練（金属加工）技術移転。千葉職業能力開発短期大学校、東海職業能力開発大学校、高度職業能力開発促進センターで公共職業訓練に従事。2015年 高度職業能力開発促進センター素材生産システム系嘱託職業訓練指導員。2016年12月より現職。

主な編著書
・プレス加工「なぜなぜ？」原理・原則手ほどき帳、日刊工業新聞社、2015
・板金作業　ここまでわかれば「一人前」、日刊工業新聞社、2013
・プレス作業　ここまでわかれば「一人前」、日刊工業新聞社、2009　ほか

見てすぐわかる
板金部品の最適設計法

NDC566.5

2018年3月26日　初版1刷発行
2025年3月28日　初版3刷発行

定価はカバーに表示されております。

Ⓒ著　者　　小　渡　邦　昭
　発行者　　井　水　治　博
　発行所　　日刊工業新聞社

〒103-8548　東京都中央区日本橋小網町14-1
電話　書籍編集部　03-5644-7490
　　　販売・管理部　03-5644-7403
　　　FAX　　　　　03-5644-7400
振替口座　00190-2-186076
URL　https://pub.nikkan.co.jp/
e-mail　info_shuppan@nikkan.tech

制　作　㈱日刊工業出版プロダクション
印刷・製本　新日本印刷（POD2）

落丁・乱丁本はお取り替えいたします。　2018 Printed in Japan
ISBN 978-4-526-07819-4　C3053

本書の無断複写は、著作権法上の例外を除き、禁じられています。